GEWÄSSERPERLEN

Martin Arnold
Urs Fitze

GEWÄSSERPERLEN

Die schönsten Flusslandschaften der Schweiz

Mit Wanderungen für
eindrückliche Naturerlebnisse
am Wasser

at VERLAG

FSC
www.fsc.org
MIX
Papier aus verantwortungsvollen Quellen
FSC® C010798

2. Auflage, 2020

AT Verlag, Aarau und München
Herausgeber: WWF Schweiz
Redaktion: Fredi Lüthin
Lektorat: Fredy Joss, Beatenberg
Fotos Cover sowie Vorsatz/Nachsatz: Eduardo Soteras
Kartenausschnitte: Atelier Guido Köhler & Co., Binningen
Grafische Gestaltung und Satz: AT Verlag

ISBN 978-3-03800-086-0

www.at-verlag.ch

Der AT Verlag wird vom Bundesamt für Kultur
mit einem Strukturbeitrag für die Jahre 2016 bis 2020 unterstützt.

INHALT

ZUM GELEIT
Wasser ist Leben

Was gibt es Schöneres, als mit Kindern an einem Bach glitzernde Steine zu suchen? Vielleicht mit einem Gummiboot gemütlich die Aare hinunterzuschaukeln? Oder beim Surfen und Segeln die Gischt im Gesicht zu spüren? Wir Menschen lieben das Wasser. Und die Schweiz gilt zu Recht als Wasserschloss Europas. Unser Land ohne Wasser ist für uns unvorstellbar.

Das Gleiche gilt für die Natur: Wasser bedeutet Leben. Bäche, Flüsse, Seen – sie alle sind Quellen unseres Lebens. In der Schweiz kommen mehr als fünfzig Prozent der Tier- und Pflanzenarten an oder in Gewässern vor. Vom ruhigen Waldteich über rauschende Bäche bis hin zu faszinierenden Auen – sie alle sind wichtig für die Artenvielfalt.

Leider sind lebendige Gewässer in der Schweiz selten geworden. Feuchtgebiete, Moore und Fliessgewässer gehören zu den am stärksten gefährdeten Lebensräumen in unserem Land. Auengebiete bedecken nur noch knapp ein halbes Prozent unserer Landesfläche, dabei beherbergen sie auf engstem Raum rund ein Drittel der heimischen Pflanzen. Es ist höchste Zeit, zu den wenigen noch naturnahen Gewässern Sorge zu tragen.

Kantone und Gemeinden legen Moore trocken, um Land für neue Wohn- und Gewerbezonen zu gewinnen. Die Landwirtschaft verschmutzt die Gewässer mit giftigen Pestiziden. Ingenieure zwingen muntere Bäche und Flüsse in Betonkorsetts, um Siedlungen vermeintlich besser vor Überschwemmungen zu schützen. Energiekonzerne verbauen neun von zehn Bächen für die Stromproduktion. All die Verbauungen, Korrekturen, Trockenlegungen und Kanalisierungen gehen auf Kosten der Natur. Unsere Gewässer werden verschmutzt, zerstört und übernutzt. Das Artensterben ist auch in der Schweiz eine traurige Tatsache: Rund die Hälfte der in Fliessgewässern vorkommenden Arten steht auf der Roten Liste, bei den Fischen sind es sogar sechzig Prozent.

Deshalb kämpft der WWF für die letzten unberührten Schweizer Flüsse und Bäche. Helfen Sie mit, diese wertvollen Gewässerperlen zu erhalten. Das nützt nicht nur der Natur, sondern auch uns Menschen. Denn die meisten dieser Gewässerperlen sind wunderbare Erholungsgebiete. In unberührter Natur finden Sie eindrückliche Flusslandschaften, seltene Pflanzen und Tiere – und nicht zuletzt Ruhe und Inspiration.

Auf Wiedersehen an einer der Gewässerperlen der Schweiz!

Thomas Vellacott
CEO WWF Schweiz

VORWORT

Gewässerperlen brauchen Schutz

Wie gesund sind die Schweizer Gewässer heute? Das hat eine Studie des WWF Schweiz 2016 untersucht, und zwar anhand von vier Fragen, die auch in der Schweizer Gewässerschutzverordnung zentral sind: Ist die Artenvielfalt sehr hoch? Sind besonders wertvolle Fliessgewässerlebensräume wie Auengebiete vorhanden? Sind die Gewässer unverbaut und ihre Lebensräume sowie die Vernetzung naturnah? Ist der Wasserhaushalt im Einzugsgebiet weitgehend intakt?

Das Resultat der Untersuchung war erschreckend: Nur noch 3,6 Prozent der Gewässer landeten in der höchsten Klasse («äusserst wertvoll»). Die Studie diente dem WWF als Grundlage, um gemeinsam mit Gewässerschutzexperten die noch vorhandenen Gewässerperlen der Schweiz zu identifizieren. Also Gewässerabschnitte oder ganze Einzugsgebiete mit hohem ökologischem Wert und grosser Natürlichkeit. Sie sind unverbaut, nicht genutzt, beherbergen eine standortgerechte Artenvielfalt. Ein gesunder Fluss verändert sich stetig und bietet eine Art Mosaik mit verschiedenen Lebensräumen für Tiere und Pflanzen.

Doch genau diese natürlichen Veränderungen lassen Gemeinden und Kantone oft nicht zu: Und schon ist wieder ein Gewässer verbaut. Wie dies in der Schweiz schon hunderttausendfach geschehen ist. Vielen Gewässerperlen fehlt ein ausreichender Schutz. Er ist dringend notwendig, wenn wir unsere Schätze erhalten wollen. Dabei müssen wir unsere Schutzinstrumente überprüfen, neue Schutzgebiete schaffen und bestehende erweitern. Ganz wichtig: Ein verbindlicher Schutz muss künftige Beeinträchtigungen ausschliessen. Die EU kennt bereits ein solches «Verschlechterungsverbot».

Mit diesem Buch wollen wir Ihnen, liebe Leserinnen, liebe Leser, die Schönheit der noch vorhandenen Gewässerperlen nahebringen. Wir wollen ihren Wert aufzeigen und hoffen natürlich, Sie von der Notwendigkeit überzeugen zu können, die Gewässerperlen zu erhalten. Setzen auch Sie sich für den Erhalt dieser einmaligen Naturgebiete ein!

Martin Arnold
Urs Fitze

BRANCLA

Wild und weitgehend unberührt

Der Mensch hat an der wilden Brancla und in deren Umland seit Jahrtausenden seine Spuren hinterlassen und eine grossartige Kulturlandschaft geformt. Den Fluss hat er stets respektiert und ihn weitgehend unberührt gelassen.

Es ist, wie wenn ein Donnergott hier sein Unwesen getrieben hätte: Mächtige Felsblöcke und zerrissene Baumstämme säumen das Bachbett der Brancla. Oder besser: die beiden Bachläufe, doch das eine ist ausgetrocknet. Die Brancla hat sich ein Stück oberhalb ihrer Mündung in den Inn eine zweite Abflussrinne geschaffen, damit ihr Bett nicht verstopft, wenn sie, nach einem Unwetter oder zur Zeit der grossen Schneeschmelze, ein Mehrfaches der durchschnittlich 2230 Liter Wasser pro Sekunde in den Inn schaufelt und dabei alles mitreisst, was nicht niet- und nagelfest ist.

Zehn Kilometer und tausend Höhenmeter flussaufwärts wird aus dem doppelten Lauf wieder ein einziger Bach. Kurz vor der Alp Chöglias vereinigen sich zwei gewaltige Geschieberinnen zu einem mächtigen Bachbett: Und wieder das Staunen über diese Urgewalt, die es in Jahrmillionen schafft, ganze Gebirge abzutragen, und die nur wenige Jahrzehntausende braucht, um tiefe Schluchten aus den Tälern herauszubrechen.

Das breite Bett der Brancla gleicht schon in ihrem Quellgebiet mehr einem Strom aus Geröll und Schutt. Aus dem Valpiglia donnern im Winter gewaltige Lawinen. Der Lawinenkegel ist selbst noch im Spätsommer meterhoch. Die Brancla bahnt sich geduldig ihren Weg durch die Schneemassen und bringt das Dach zum Einsturz. An ihrem Ufer bleiben, wie bei einer Kirchenruine, zwei kuppelförmige, hohe Wände stehen. Weiter flussabwärts wird der Bach etwas ruhiger, doch sein Rauschen bleibt im ganzen Tal stets hörbar. Kurz nach dem Hof Zuort vereinigt sich die Brancla mit der Aua da Laver und fliesst nun durch das Val Sinestra, wo sie sich eine bis zu 260 Meter tiefe Schlucht gegraben hat. Sie ist leider nicht begehbar.

Oberhalb dieser Felswände wären die Bewirtschafter der Trockenwiesen bei Vnà und Ramosch froh um jeden Tropfen Wasser. Es ist einer jener grossen Gegensätze auf engstem Raum, wie es sie nur im Gebirge gibt. Das Unterengadin ist von einem trockenen Klima geprägt, und es mangelt hier häufig an Wasser, auch wenn es davon in den Bergbächen eigentlich mehr als genug gibt.

Die Brancla zählt zu den wenigen unberührten Wildflüssen des Engadins.

Hoch über der Brancla wird teils noch von Hand geheut.
Thomas Kohl (unten rechts) rekonstruiert das vergessene Wissen um die Gärten früherer Zeiten.

Die Niederschlagsmengen erreichen kaum ein Drittel dessen, was nördlich des Alpenhauptkammes üblich ist.

Im Unterengadin herrscht ein überraschend mildes Klima. Das machten sich schon die Menschen der spätbronzezeitlichen Melauner Kultur vor 3400 Jahren zunutze: Hoch über dem heutigen Ramosch errichteten sie auf der Hügelkuppe Motata eine Siedlung, und sie blieben mindestens ein Jahrtausend dort, also bis in die jüngere Eisenzeit. Schon vor der Zeit der Melauner Kultur in Ramosch zogen Hirten auf die Alpen am Oberlauf der Brancla und im angrenzenden Fimbatal. Über zweihundert Menschengenerationen umfasst der Zeitraum, der diese ersten Älpler von den heutigen trennt. Welch grosse Bedeutung die Alpweiden in der frühen Neuzeit hatten, zeigt der Historiker Jon Mathieu in seinem lesenswerten Buch «Bauern und Bären: Eine Geschichte des Unterengadins von 1650 bis 1800». Die Alprechte waren bis ins letzte Detail geregelt, und selbst die Nutzung des hintersten Fleckens Grasland konnte zu langen Streitereien führen. Es ging ums Überleben, und dafür mussten die Menschen bei weitgehender Selbstversorgung hart kämpfen.

Verglichen mit dem Leben damals haben es die Landschaftsgärtner Thomas und Birgit Kohl einfacher. Vor zwei Jahrzehnten verschlug es die beiden ins Unterengadin. Sie bewirtschafteten im Sommer eine Alp im Val d'Uina, gründeten eine Familie und blieben. Thomas Kohl übernahm die Rolle des Hausmannes, und er interessierte sich mehr und mehr für die Gärten der Altvorderen, als man noch Trauben kultivierte, Apfelbäume züchtete oder Mohn anbaute. Er liess sich von alten Talbewohnern erzählen, wie sie es gemacht hatten.

Ein beliebtes Wanderziel sind die Erdpyramiden beim Hof Zuort (rechts).

Es gab nur noch wenige Leute, die sich erinnerten – denn diese Bewirtschaftungsformen waren schon vor Jahrzehnten verschwunden.

Und so begannen Birgit und Thomas Kohl, das alte mit neuem Wissen zu kombinieren und legten am Ufer des Inn, unweit der Mündung der Brancla, einen grossen Bauerngarten auf einem ehemaligen Tierfriedhof an. Ihr Ziel: Ein Garten, der aus sich selbst heraus gedeiht, ein Garten, der den Menschen nach und nach zum teilnehmenden Beobachter macht, der sich an dessen Früchten gütlich tut. Davon sind sie noch ein gutes Stück entfernt, und es ist wahrscheinlich, dass es nie ganz gelingen wird. Doch das ist nicht der entscheidende Punkt. Birgit und Thomas Kohl wollen mit fast schon verlorenem Wissen Neues gestalten und lassen dabei das uralte Prinzip der Selbstversorgung wieder aufleben.

Nicht ganz so weit geht Chasper Mischol. Er ist der Letzte, der auch im Winter in Griosch lebt, einem hübschen Weiler auf 1800 Meter über Meer und in Respektabstand zur Brancla. Den Weg zu seinem Haus fräst er sich selber frei, ins Tal saust er auf einem Schneemobil, seinen Lebensunterhalt verdient er als Busfahrer. «Ich mag diese winterliche Stille, und ich bin hier auch mit den Wildtieren auf Du und Du. Niemals würde ich eines zu Jagdzwecken erlegen.» Er liebt diese Landschaft, zu jeder Jahreszeit: «Wald, Bach und Wiesen, alles bildet hier eine Einheit.» Als Bub sei er noch mit dem von Pferden gezogenen Heuwagen unterwegs gewesen. Heute behirtet er im Sommer eine Herde Esel auf Griosch.

Noch immer ist der Mensch auch auf den höchsten Alpen an der Brancla präsent, aber die Bewirtschaftung ist viel extensiver geworden. Gekäst wird auf den meisten Alpen schon lange nicht mehr. Mutterkühe suchen sich mit ihren Kälbern ihre bevorzugten Weiden weitgehend selbst. Das verändert die Landschaft. In den steileren Lagen kehrt der Wald bis weit über 2000 Meter hinauf zurück, die flacheren Partien werden dafür intensiver beweidet.

In den steilen Hängen bei Pradatsch und Pra San Peder hoch über der Brancla ist das Heuen der Trockenwiesen noch weitgehend Handarbeit. Sie sind im Bundesinventar der Trockenwiesen und -weiden gelistet. Die vielen Trockenrasen im Unterengadin zählen zu den bedeutendsten der Schweiz. Sie sind auch der

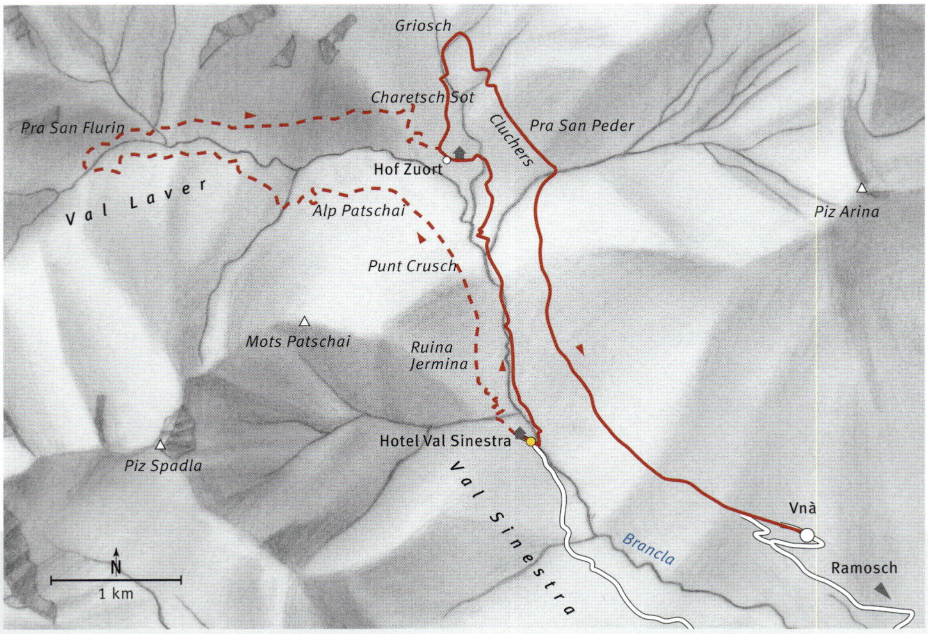

HÄNGEBRÜCKENWEG VAL SINESTRA

Startpunkt der Wanderung ist das Hotel Val Sinestra (Postautohaltestelle), ein noch heute beeindruckendes Bauwerk inmitten einer wilden, ungezähmten Natur. Der Wanderweg führt über zwei spektakuläre Hängebrücken (Schwindelfreiheit erforderlich) zum Hof Zuort. Kurz vor dem Hof eröffnen sich prächtige Ausblicke auf die Erdpyramiden. Hier auf dem Fahrweg bleiben und nicht durchs Gelände gehen. Der Untergrund ist teils extrem weich, Einsinken ist nicht ausgeschlossen. Vom Hof Zuort aus weiter talaufwärts bis zur nächsten Brücke bei Griosch. Dort wechselt man die Talseite und geht auf gemütlichem Fahrweg via Maiensäss Pra San Peder, wo die Erdpyramiden gut sichtbar sind, bis Vnà.

ANREISE Postauto von Scuol nach Val Sinestra

RÜCKREISE Postauto von Vnà via Ramosch nach Scuol

WANDERZEIT 3 Std.

HÖHENDIFFERENZ 450 m Aufstieg, 350 m Abstieg

SCHWIERIGKEIT Leicht

KARTEN Landeskarte 1:25 000, 1179 Samnaun und 1199 Scuol

ESSEN UND UNTERKUNFT Hof Zuort: Telefon 081 866 31 53, www.zuort.ch. Vorzügliche Tiroler und Engadiner Spezialitäten und historische Zimmer in fantastischem Ambiente eines Bergbauernhofes.

VARIANTE Vom Hotel Val Sinestra aus den Höhenweg auf der talaufwärts gesehen linken Talseite wählen, durch die Ruina Jermina ins Val Laver bis Punt Crusch wandern. Dort die Talseite wechseln und via Charetsch Sot zum Hof Zuort absteigen. 2 Std.

INFORMATIONEN Gäste-Info Ramosch: Telefon 081 861 88 00, www.scuol.engadin.com

Grund, weshalb der WWF das Unterengadin als eines der alpinen Hotspot-Gebiete für die Biodiversität ausgewählt hat.

Nur einen Steinwurf entfernt beginnt eine andere Welt. Mit letzter Kraft klammert sich eine stattliche Arve an den Rand eines Hanges, der unvermittelt abbricht. Darunter ist eine riesige Schutthalde zu sehen. Sie stammt aus der letzten Eiszeit vor rund 10 000 Jahren, als sich der Chöglias-Gletscher letztmals so weit vorgewagt hatte. Es ist eine Seitenmoräne, ein gigantischer, vom Gletscher seitlich abgelagerter Geröllhaufen. Der Druck des Eises hat ihn zwar verfestigt, aber er ist nicht hart genug, um der Kraft der Erosion dauerhaft zu trotzen. So bröckelt die Moräne Jahr für Jahr. Ein kraterförmiges, gut hundert Meter tiefes Halbrund hat sich seither ausgebildet – wie mit der Pranke eines Raubtieres herausgeschlagen. Immer wieder kommt es zu starken Rutschungen und Steinschlag. Doch es gibt auch lange Perioden der Ruhe – Zeiträume, die die Natur zu nutzen weiss, um sich zu entfalten.

Und so finden sich nicht nur am Abgrund, sondern auch auf den extrem steilen Kreten an den lebensfeindlichsten Lagen stattliche Lärchen, die sich mit ihren Pfahlwurzeln metertief in den Boden gegraben haben und so der Schwerkraft trotzen. Der Tag wird kommen, an dem sie hinuntergerissen werden, doch bis dahin geniessen sie ihr Leben auf einem lichtüberfluteten Balkon der Natur. Genau wie die mächtigen Gesteinsbrocken, die auf den Spitzen von schmalen Schuttkegeln ruhen, nur knapp die Balance haltend. Es sind tonnen-

Bei Bikern ist die Abfahrt hinunter nach Ramosch beliebt. Blühende Alpenwiesen säumen ihren Weg.

schwere Findlinge aus 50 Millionen Jahre altem Granit oder Serpentin, die der Gletscher einst hier deponiert hat. Sie bewahren den darunter liegenden Gesteinsschutt vor dem Wegbrechen. So haben sich in einem jahrzehntelangen Prozess die sogenannten Erdpyramiden herausgebildet. Auch sie sind der Dynamik der Erosion ausgesetzt und brechen über kurz oder lang zusammen. Doch schon formen sich an den Rändern des Kraters neue Pyramiden.

Es ist denkbar, dass sich die ersten Ackerbauern auch im Val Sinestra umsahen und zwischen zwei mächtigen Moränenwällen auf ein Stück flachen, fruchtbaren Boden stiessen, den sie alsbald rodeten. Wer weiss, ob sie den Erdpyramiden, die sich damals an anderer Stelle befanden, eine spirituelle Bedeutung beimassen? Die romanische Bezeichnung «Cluchers» (Kirchtürme) könnte darauf hindeuten.

Richtige Kirchenglocken erklingen ganz in der Nähe, und zwar in der zauberhaften Kapelle des Hofes Zuort. Der niederländische Dirigent Willem Mengelberg verliebte sich auf einer Wanderung in diese Landschaft und baute dort 1911 seine Sommerresidenz und später eine Kapelle mit holländischem Glockenspiel. Er machte den Hof Zuort für Jahrzehnte zu einem kulturellen Zentrum. Heute lebt diese Tradition mit sommerlichen Waldkonzerten wieder auf. Die Brancla singt dazu ihr eigenes Lied. (FI)

OVA CHAMUERA

Im Tal der Bartgeier

Das Val Chamuera ist das ursprünglichste der Oberengadiner Seitentäler. Sein Fluss ist weitgehend unberührt. Zum Glück: Die Stimmbevölkerung von La Punt-Chamues-ch lehnte das geplante Wasserkraftwerksprojekt ab.

Majestätisch kreisen drei Bartgeier über dem Felskamm auf der nördlichen Talseite des Val Chamuera. Hier, am Unterlauf der Ova Chamuera, hat sich der Fluss über tausend Meter tief eingegraben, die Gipfel beidseits streifen die 3000-Meter-Höhenlinie. In den Felswänden brüten die Bartgeier. Das siebzehnjährige wild geborene Weibchen Diana Stelvio hat sich 2006 hier niedergelassen und seither, mit zwei verschiedenen Partnern, fast jedes Jahr erfolgreich Junge aufgezogen. Es ist eines der erfolgreichsten Brutpaare der Alpen. «Sie haben uns längst gesehen. Aber wir sind weit genug weg. Sie wissen, dass sie nichts zu befürchten haben», erklärt David Jenny. Der Wildtierbiologe ist Regionalkoordinator Graubünden der Stiftung Pro Bartgeier. Ihren ersten Nachwuchs brachte Diana Stelvio im alten Horst eines Steinadlerpaares zur Welt. Doch jetzt hat das Bartgeierpaar ein eigenes Nest, während die Adler weiter talaufwärts ihre Jungen grossziehen.

«Das Val Chamuera ist ausgesprochen wildreich. Ein Paradies für Bartgeier und Steinadler», sagt Pep Schaniel. Als Wildhüter hat er während eines Vierteljahrhunderts bis zu seiner Pensionierung 2007 jede Ecke des Tales erkundet, «am liebsten auf den Wegen, die auch das Wild benutzt hat». Diese Bindung prägt. Auch heute ist er regelmässig im Tal unterwegs, und von seinem Wohnzimmerfenster in La Punt-Chamues-ch kann er weite Teile des Val Chamuera mit dem Fernglas überblicken. Der Talausgang liegt nur einen Steinwurf von den letzten Häusern entfernt.

Die Ova Chamuera ist hier ein wild rauschendes Gewässer. Zwei Angler versuchen ihr Glück. Doch die Chancen sind an dieser Stelle eher gering, die Bachforellen halten sich lieber weiter oben auf, wo grosse Steine ein gutes Versteck abgeben. Nur wenige Meter flussabwärts wird der Bach in einem Kanal auf seinen letzten Metern entlang des Dorfes hin zum Inn gezähmt. Es gibt erste Projektvorschläge, auch der Ova Chamuera auf dem Gemeindegebiet von La Punt-Chamues-ch wieder mehr Freiraum zu gewähren, und zwar im Rahmen der Revitalisierung des Inn. Bis zur Kanalisierung in den 1870er-Jahren hatte sich der Bach unterhalb des Dorfes noch durch ein Auengebiet geschlängelt, und der Inn verlief südlich der heutigen Kantonsstrasse am Rande des Tales, wo sich bis heute Reste der Auen und

Die Ova Chamuera bezaubert mit ihrer Unberührtheit und dem steten Wechsel zwischen wildem, ungestümem Rauschen und ruhigem Plätschern.

ein Altarm gehalten haben. Die Rückverlegung des Inn in sein angestammtes Flussbett wird zurzeit diskutiert. Dazu müsste allerdings die Kantonsstrasse verlegt werden.

Bereits über die Bühne ist die Diskussion um eine Wiederbelebung und Erweiterung des im Jahr 2000 stillgelegten Kleinwasserkraftwerks im Val Chamuera. Am 18. August 2014 lehnten die Stimmberechtigten den geplanten Bau mit 74 gegen 64 Stimmen ab. Der Gemeindevorstand hatte das Projekt als «massvoll, umwelt- und landschaftsverträglich» bezeichnet und dieses «vollumfänglich unterstützt». Ricardo Laudenbacher sah das allerdings ganz anders. Beinahe zufällig hatte der Metzger vom Projektvorhaben erfahren, das ohne vorherige öffentliche Diskussion an der Gemeindeversammlung einfach durchgewunken werden sollte. «Die Bevölkerung wurde vor vollendete Tatsachen gestellt. Das wollte ich mir nicht bieten lassen», erinnert er sich. Laudenbacher sitzt auf einer Bank bei einer hübschen Feuerstelle am Ufer der Ova Chamuera bei Stevel da la Bes-cha. Schon als Kind ist er oft hier gewesen, «das Tal war unser Spielplatz». Und ausgerechnet hier wollte man das Wasser des Baches fassen und in einer unterirdischen Druckleitung zur Turbinierung am Talausgang führen. «Das kam für mich nicht infrage.» Und so zog er von Tür zu Tür, fand Mitstreiterinnen und Mitstreiter, erreichte schliesslich die Vertagung des Traktandums und erzwang einen Informationsanlass. Die Umweltorganisationen konnten dort ihre Sicht der Dinge nicht darlegen, der WWF suchte nach Verbündeten und entwarf einen Flyer für das Val Chamuera, der in alle Haushalte verschickt

wurde. Auch David Jenny war am Informationsabend und warnte davor, dass die Bauarbeiten die Bartgeier beim Brüten stören könnten.

Der Fall wurde unvermittelt zu einem Thema in den nationalen Medien, Emotionalität ersetzte die Sachlichkeit, und auch der Vorschlag des Gemeinderates, die Bauarbeiten während der Brutzeit der Bartgeier einzustellen, half nichts mehr. Zu stark waren die sachlichen Argumente gegen das Projekt: die baulichen Eingriffe, der Ausbau der Alpstrasse, die starke Veränderung der Ova Chamuera, die viel von ihrer Wildheit eingebüsst hätte, und der vergleichsweise geringe Ertrag aus der Stromproduktion. Da half auch der auf achtzig Jahre zugesagte Wasserzins nichts mehr, um die Mehrheit der Einwohnerinnen und Einwohner zu überzeugen. Es war bereits das zweite Mal. Schon in den 1950er-Jahren mussten Pläne, im Val Chamuera eine 120 Meter hohe Staumauer zu bauen, nach heftigem Widerstand aus der Bevölkerung begraben werden.

Den Bartgeiern im Val Chamuera ist es recht. Sie dürfen weiterhin ungestört brüten, und die 750 Einwohnerinnen und Einwohner von La Punt-Chamues-ch freuen sich über ein weitgehend unberührtes Naherholungsgebiet. Als kantonal geschützte Landschaft und als Landschaftsschutzzone im Zonenplan der Gemeinde geniesst es zudem einen gewissen Schutzstatus. Der Bau von neuen Anlagen ist damit aber nicht grundsätzlich verboten.

Doch als Naturobjekte inventarisiert sind im Val Chamuera einzig ein kleiner Trockenstandort von nationaler und zwei kleine Bergföhrenwälder von regionaler

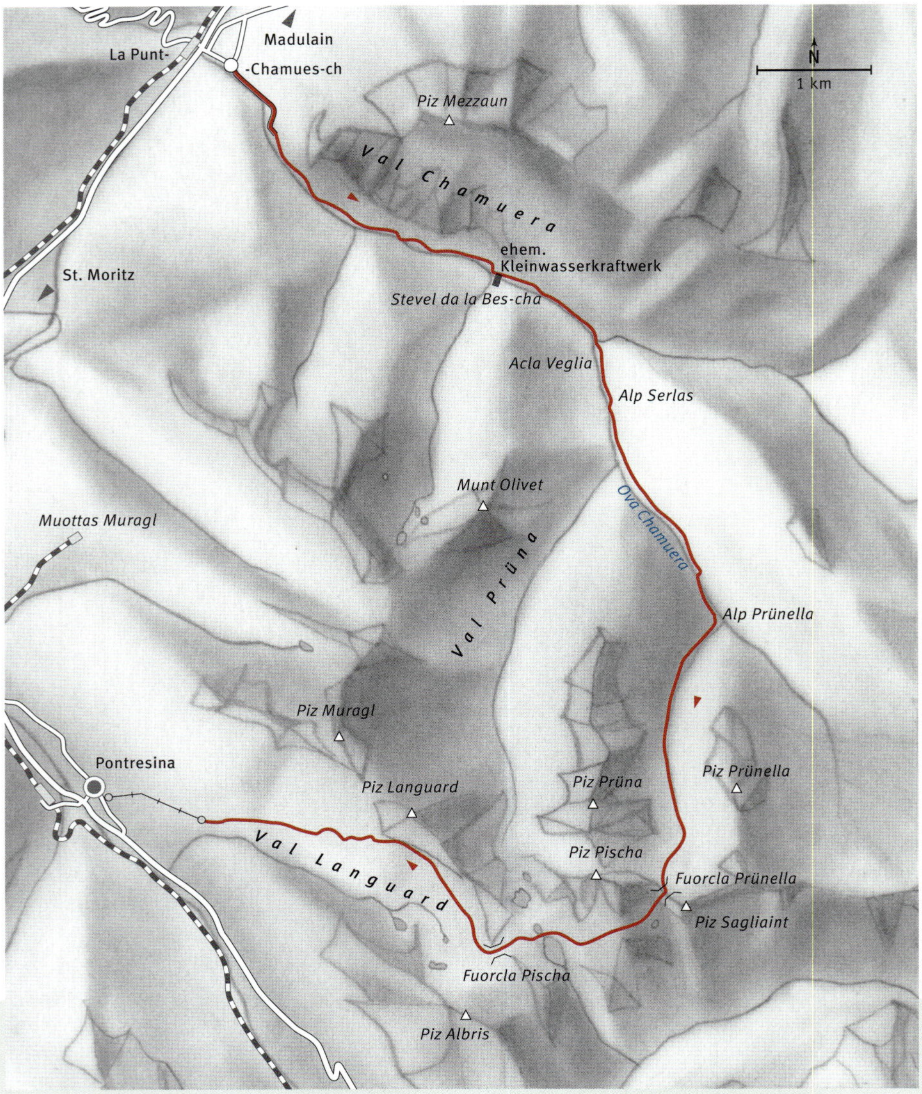

VON LA PUNT-CHAMUES-CH DURCH DAS VAL CHAMUERA ZUR ALP LANGUARD

Diese Tagestour wird wegen ihrer Länge (22 km bei rund 1500 Höhenmetern Auf- und 800 Höhenmetern Abstieg) nur selten begangen, ist aber technisch mit Trittsicherheit gut zu meistern und bietet eine reizvolle Vielzahl von Landschaftstypen. Ein Schluchtabschnitt prägt den Beginn gleich nach La Punt-Chamues-ch, danach folgen weites Weideland am Oberlauf der Ova Chamuera und ein Hochgebirgsplateau mit mehreren Bergseen nach der Fuorcla Prünella (dort gut auf die Wegmarkierungen achten). Ein sanfter Abstieg zur Bergstation des Sesselliftes bei der Alp Languard schliesst die Wanderung ab. Nur bei Schneefreiheit im Hoch- und Spätsommer zu empfehlen.

ANREISE Zug bis La Punt-Chamues-ch

RÜCKREISE Sessellift von der Alp Languard nach Pontresina, wenige Minuten zu Fuss zum Bahnhof

WANDERZEIT 8 Std.

HÖHENDIFFERENZ 1500 m Aufstieg, 800 m Abstieg

SCHWIERIGKEIT Mittel

KARTEN Landeskarte 1:25 000, 1237 Albulapass, 1258 La Stretta und 1257 St. Moritz

ESSEN UND UNTERKUNFT Entlang der Wanderung keine Verpflegung und Unterkunft. Hotel Gasthaus Krone, La Punt-Chamues-ch: Telefon 081 854 12 69, www.krone-la-punt.ch. Traditionshaus mit moderner Ausstattung im traditionellen Stil. Ausgezeichnete Küche.

VARIANTE In einem gemütlichen Nachmittags-Spaziergang lässt sich der Unterlauf der Ova Chamuera bis zum Rastplatz Stevel da la Bes-cha (mit Grillstelle) erkunden. Gehzeit: 3 Std. (inkl. Rückweg)

INFORMATIONEN La Punt Tourist Information: Telefon 081 854 24 77, www.engadin.stmoritz.ch/lapunt

Das mächtige Gebäude der Alp Serlas (oben links) könnte in der Abgeschiedenheit auch ein Hotel sein.

Seit 2006 brüten im Val Chamuera wieder Bartgeier.

Bedeutung – zu wenig, um das Tal langfristig vor Zugriffen der Wasserwirtschaft zu schützen. Doch bis auf Weiteres bleibt das Val Chamuera dank der Ablehnung des Kraftwerks komplett ungenutzt. Einzig die Wasserfassung des im Jahr 2000 stillgelegten Kleinwasserkraftwerks, eine meterhohe Betonwand im Flussbett, erinnert noch an die Zeit der Stromgewinnung. Deren Rückbau wäre wünschenswert, unterbindet sie doch die Fischwanderung.

Oberhalb Stevel da la Bes-cha öffnet sich das Tal nach einer markanten Steilstufe, kurz darauf verzweigt es sich oberhalb der Alp Serlas, wo ein monumentales, mehrstöckiges und bereits 1827 erbautes Maiensässgebäude steht. Pferde grasen am Ufer des Chamuera-Baches, die Alpweiden ziehen sich weit die Hänge hinauf. Die Ova Chamuera fliesst östlich des Fiz Prünella, westlich plätschert die Ova Prünella talwärts. Eine eindrückliche Gebirgslandschaft, karg und steinig an ihrem Ursprung, zugleich von einer Weite und Sanftheit, wie sie nur Gletscher und ihre Nachfolger, die Bergbäche, formen können. (FI)

BEVERIN

Leben mit Aussicht

Der Beverin zählt zu den wenigen naturnahen Flüssen des Engadins – und ist dank der Revitalisierung im Mündungsbereich auch am stark verbauten Unterlauf wieder näher an der Natur.

Vorsichtig trippelt die Kuh auf der Alp Spinas zwischen saftig-grünen Lärchen die steile Böschung hinunter, spreizt ihre Vorderbeine, senkt den Kopf und schlürft gemächlich aus dem tosenden Beverin. Sie muss vorsichtig sein. Ein Ausrutscher, und sie würde mitgerissen wie der stattliche Baumstamm, der sich nur wenige Meter entfernt zwischen zwei Felsen verkeilt hat. Irgendwann, vielleicht nach einem Unwetter, wird er befreit werden, um wieder so lange zu treiben, bis er erneut hängen bleibt. Mitten im Flussbett haben einige Felsbrocken eine Insel geschaffen. Entstanden ist so ein Lebensraum für Flechten, Moose, Blütenpflanzen und eine Schar Lärchen. Die Landschaft oberhalb Spinas an der Ausfahrt des Albula-Tunnels gleicht einem Park, so perfekt hat die Natur sich hier arrangiert, bis hin zum Ameisenhaufen, der etwas erhöht über dem Fluss thront. Weiter flussaufwärts, nach einer recht steilen Stufe, ist der Beverin in einem weiten Tal mit weniger Gefälle gemächlicher unterwegs. In sanften Mäandern zieht er durch eine Ebene. In einigem Respektabstand zeigen ihm mächtige Arven ihre zerzauste Wetterseite, die rissige Borke von Flechten überwachsen. Sie müssen Hunderte Jahre alt sein. Ein Felsblock am Ufer ist dicht bewachsen mit grellrot leuchtenden Flechten, jenen Spezialisten, die mit rauesten Bedingungen zurechtkommen. Ein langes Leben mit schöner Aussicht auf den Fluss: Manche Flechten erreichen ohne Weiteres mehrere Menschenalter.

Und noch eine Steilstufe gilt es flussaufwärts zu überwinden, bis das Gelände wieder flacher wird. Plötzlich zwängt sich das Wasser durch eine von mächtigen Felsblöcken gesäumte Engstelle und schiesst mit grosser Kraft daraus hervor. Ein unwirtlicher Ort. Doch auch hier sind es nur ein paar Schritte bis zu einem bezaubernden kaum einen halben Meter hohen Wasserfall. Darunter hält das Bächlein an einer tiefen Stelle kurz inne, einen See bildend, um dann weiterzuplätschern. Das Seelein, würde man wahrscheinlich im sagenumwobenen Island erzählen, ist die Heimstatt von Elfen und anderen, unsichtbaren Wesen, die sich nur den Kindern und den Wissenden zu erkennen geben. Sie hätten sich keinen schöneren Platz aussuchen können: der – aus Elfensicht – riesige Wasserfall, der tiefgründige See, gesäumt von mächtigen Felsen, auf denen sich ein bun-

Der Beverin bietet zu allen Jahreszeiten höchsten Wandergenuss, seit der Renaturierung auch im Mündungsbereich in den Inn (oben links). In manchen Nischen geben sich Lärchensprösslinge und Enziane ein Stelldichein (unten links).

ter Blumenteppich ausbreitet, und mittendrin eine junge Lärche, kaum grösser als die Blumen, die sich diesen wunderbaren Platz zum Keimen und Wachsen ausgesucht haben.

Achtzehn Kilometer zieht sich das Tal bis hinauf zu den Gebirgskämmen. Weit oben steht die Jenatschhütte, nördlich davon liegt das Quellgebiet am Piz d'Err (3377 m), südlich das Quellgebiet um den Piz d'Agnel (3204 m). Der lange, rund viereinhalbstündige Anstieg aus Bever zur Chamanna Jenatsch schreckt manche Wanderinnen und Wanderer ab. Dafür sausen zahlreiche Bikerinnen und Biker in umgekehrter Richtung zu Tal. Sie kommen aus dem Engadin, von wo sie mit der Bahn zum Munt da San Murezzan hochfahren, um von dort zum Suvrettapass zu traversieren und dann durch das Suvrettatal und weiter dem Beverin entlang die Wegstrecke mit teils abenteuerlich anmutender Geschwindigkeit zurückzulegen. Die Bremse ist dabei weit wichtiger als das Pedal. Das treibt tiefe Furchen in die Wege.

Rund dreihundert Rinder, Kühe und Mutterkühe werden auf den drei Alpen Spinas, Suvretta und Val gesömmert. Die meisten Tiere kommen traditionsgemäss aus Bever, einige stossen aus dem Unterland dazu. Diese nach wie vor enge Bindung zu den seit vielen Generationen genutzten Alpgebieten sei charakteristisch für die Bevölkerung in der Gemeinde Bever, sagt Gemeindepräsident Fadri Guidon. «Wir sind dem Tal sowohl durch die landwirtschaftliche Nutzung als auch durch die Naherholung sehr eng verbunden.» Der Beverin selbst sei das grosse landschaftsprägende Element. Stets etwas unnahbar, erzeuge er Respekt und Bewunderung zugleich.

Je näher man flussabwärts dem Dorf Bever kommt, desto stärker sind die regulierenden Eingriffe. Kurz vor dem Ort fliesst er durch ein kanalisiertes Bett und zwängt sich unter der Bahnlinie hindurch – die Brücke ist Teil des Unesco-Welterbes. Als Kanal mündete der Beverin bis vor Kurzem in den Inn. Doch das ist, nach über einem Jahrhundert, Geschichte.

Die heutigen Dämme am Inn bei Bever stammen aus den Jahren 1959 bis 1962. Eine Hochwasserkatastrophe im August 1954 hatte zur Gründung einer Innkommission geführt, die zu den Dammerweiterungen riet. Dabei blieb es für den Bereich oberhalb der Bahnbrücke bis heute. Unterhalb ist einiges passiert. Der Beverin wurde an einigen Stellen etwas aufgeweitet, um sich kurz vor seiner Mündung linksseitig schliesslich ganz zu öffnen, in Richtung des ehemaligen Auenwäldchens, das seit fast eineinhalb Jahrhunderten kein Beverin- und Inn-Wasser mehr gesehen hatte. Nachverfolgen lassen sich die Veränderungen auf den alten Landeskarten, die alle digital auf der Website www.map.geo.admin.ch abrufbar sind – von der ersten bis zur letzten Ausgabe. Dazu braucht man nur unter «Zeitreise – Kartenwerke» die jeweilige Jahreszahl anzuklicken, und schon taucht

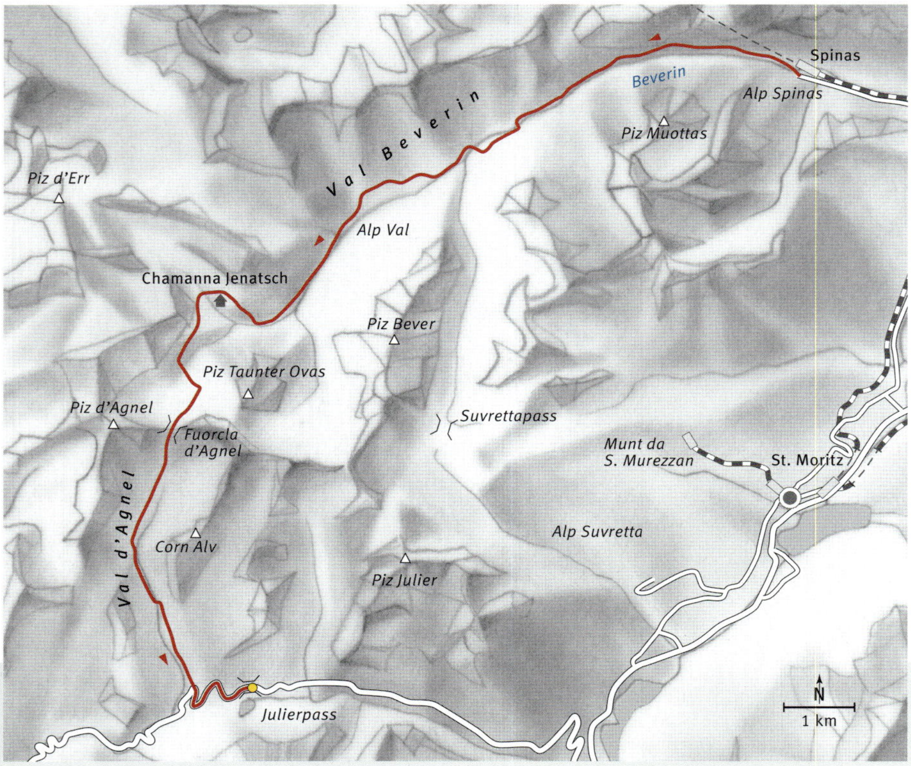

VON SPINAS ZUR JENATSCHHÜTTE UND ZUM JULIERPASS

Diese Tour vom Albulatunnel ins Hochgebirge lässt sich als anstrengende Eintages- oder als recht gemütliche Zweitagestour mit Übernachtung in der Jenatschhütte machen. Ausgangspunkt ist die Bahnstation Spinas am Südportal des Albulatunnels. Von dort aus geht es tausend Höhenmeter talaufwärts und stets in der Nähe des Beverin auf bequemem Alpsträsschen über die Alp Val und danach auf gutem Bergweg zur Jenatschhütte (2652 m); die Gehzeit beträgt viereinhalb Stunden. In dreieinhalb Stunden lässt sich von dort aus via die Fuorcla d'Agnel (2986 m) auf einer herrlichen Hochgebirgsroute der Julierpass erreichen.

ANREISE Mit der Rhätischen Bahn bis Spinas

RÜCKREISE Ab «Julier, La Veduta» mit dem Postauto nach Tiefencastel oder St. Moritz

WANDERZEIT 8 Std.

HÖHENDIFFERENZ 1400 m Aufstieg, 1000 m Abstieg

SCHWIERIGKEIT Mittel

KARTEN Landeskarte 1:25 000, 1236 Savognin, 1237 Albulapass, 1256 Bivio, 1257 St. Moritz

ESSEN UND UNTERKUNFT Bever Lodge, Bever: Telefon 081 852 40 04, www.beverlodge.ch. In einem Holzbaukastensystem errichtetes Hotel, das sich primär an Bergsportler richtet. Das im modernen Stil verbaute Holz schafft eine heimelige Stimmung. Gute, gesunde Küche.
Chamanna Jenatsch CAS: Telefon 081 833 29 29, www.jenatsch-huette.ch. Reservierung dringend empfohlen.
Gasthaus Spinas, Val Bever: Telefon 081 851 19 20, www.spinasbever.ch. Der Koch legt Wert auf authentische, regionale Produkte.

VARIANTE In einem kurzen, eineinhalbstündigen Spaziergang lässt sich der revitalisierte Beverin an seiner Mündung in den Inn besichtigen. Ausgangspunkt ist der Bahnhof Bever.

INFORMATIONEN Bever Tourist Information: Telefon 081 852 49 45, www.engadin.stmoritz.ch/bever

man ein in ein Stück Schweizer Landschaftsgeschichte. 1858 schlängelt sich der Inn in einem breiten Bett durchs obere Engadin, auch seine Zuflüsse, darunter der Beverin, flossen unkorrigiert zu Tale. 1873, ist der Inn zum Kanal geworden, kurz darauf ist es auch um den Beverin geschehen. Von der Hauptstrasse aus ist sein Bett begradigt, die einstige Auenlandschaft im Mündungsbereich ist nicht mehr mit dem fliessenden Wasser verbunden.

Das ist heute zum Glück wieder anders: Zügig hat der Fluss seinen neuen Spielraum genutzt, wie wenn er nur auf die Einsicht des Menschen gewartet hätte, ihm wieder mehr Platz einzuräumen. Auch der Inn profitiert von dieser in den Jahren 2012 bis 2015 realisierten Revitalisierung, die in einer zweiten Etappe bis 2020 fortgesetzt wird.

Angefangen hat die neue Freiheit für Inn und Beverin ganz profan: Die Dämme waren sanierungsbedürftig. Verschiedene Studien zeigten, dass eine Revi-

Der Beverin ist am Oberlauf weitgehend unberührt und durchfliesst eine von der Alpwirtschaft geprägte, parkähnliche Landschaft. Unterhalb der Ortschaft Bever ist der Flusslauf renaturiert worden.

talisierung auch unter Aufrechterhaltung des Hochwasserschutzes möglich war. Eine solche ist heute gesetzlich vorgeschrieben. Sowohl im Bundesgesetz über den Wasserbau als auch im Bundesgesetz über den Schutz der Gewässer heisst es: «Bei Eingriffen in das Gewässer muss dessen natürlicher Verlauf möglichst beibehalten oder wiederhergestellt werden.» Im Falle des Inn war die Zerschneidung der einst geschlossenen Auenlandschaft die grösste «Sünde» beim früheren Kanalbau. Wohl waren beidseits des Kanals bedeutende Überwinterungs- und Bruthabitate entstanden, und auf dem Damm entwickelte sich eine Kreuzotterpopulation. Dennoch verarmte der Inn gewässerökologisch stark. Aus einem Flussbett mit Kiesbänken, Seiten- und Altarmen war ein langweiliges kanalisiertes Wasserband geworden. Jetzt wird der rechtsseitige Damm auf einer Strecke von 1,7 Kilometern um siebzig Meter versetzt. Damit wird auch ein Stück der abgeschnittenen Altarme wieder ans Flusssystem angeschlossen. Der Inn folgt dann, das zeigt der Blick auf die historische Landeskarte, wieder weitgehend dem natürlichen Lauf vor eineinhalb Jahrhunderten. Und es kommt noch besser: Die Fortsetzung dieser Revitalisierung auf dem Gemeindegebiet von La Punt-Chamues-ch ist bereits in Planung. So ändern die Zeiten – und in nicht allzuferner Zukunft kann der Inn auch dort wieder in natürlichen Bahnen fliessen. (FI)

AREUABACH
Unbekannte südliche Schönheit

Nur wenige kennen den Areuabach im Val Curciusa, das von San Bernardino aus über einen teils steilen Wanderweg begangen werden kann. Das Desinteresse hat dem fast unberührten, wasserreichen Tal nicht geschadet.

Wenn Wolken ins Tal ziehen und der Wanderweg sanft abfallend im Nebel des Horizonts verschwindet, wenn sich Wasser in alle Richtungen teilt und sich überall Rinnsale ohne Eile talwärts schlängeln, dann könnte man sich auf der Hochebene der Greina wähnen. Doch im Gegensatz zum Gebiet der Greina ist das Val Curciusa nicht geschützt. Die östlich des San Bernardino im Kanton Graubünden gelegene Gewässerperle ist einmalig – und praktisch unbekannt. Das Val Curciusa ist eines der wenigen grösseren Täler der Schweiz, in welchem bis heute weder Wasser gefasst wird, noch ein Fahrweg existiert. Wer es sehen will, muss es erwandern. Was besonders auffällt sind die Geländestufen, wohl eine Folge der letzten Eiszeit. Die Gletscher hinterliessen Schwemmböden und kleine Sumpfgebiete, die auf einer Höhe von 2000 Metern über Meer natürlich störungsanfällig sind, denn die Vegetationszeit ist kurz. Und so fällt das Tal in Stufen von Süden in Richtung Norden ab, wobei sich steile Passagen mit flachen Abschnitten abwechseln.

Wer von der Südseite her startet, also von San Bernardino aus, und dann den Anstieg südlich des Piz Motton angeht, dem öffnet sich nach dem Weg über den Sattel der Bocchetta de Curciusa eine einmalige Landschaft: Ein Tal, das sich mal sanft, mal ruppig absteigend über zehn Kilometer nach Norden wendet. Mit Ausnahme des Nationalparks ist es das längste noch unerschlossene Tal des Kantons Graubünden. Kein Wasser wird hier abgezweigt, kein Strom gewonnen. Begrenzt wird das Tal durch den mächtigen Piz de la Lumbreida im Westen, den Pizzo Tambo im Osten, den Guggernüll und das Einshorn im Norden. Diese Berge sind alle rund 3000 Meter hoch und tragen im Frühsommer mächtige Schneeflanken. Unzählige Bäche plätschern und rauschen. Nicht immer ist das Schmelzwasser der Schneefelder die einzige Quelle. Auch aus grünen Flanken sprudelt es einfach hinaus in die Alpenwiesen. Das Wasser sucht sich seinen Weg, bildet ein Bett mit Steinen

Zuoberst auf dem Sattel der Bocchetta de Curciusa schmilzt im Frühsommer der letzte Schnee. Hier ist der Blick auf den mäandernden Areuabach besonders schön; mit zunehmender Distanz wird er immer wasserreicher.

Trotz der Bestossung des Val Curciusa ist das Tal urtümlich. Neben Enzianen und Alpenrosen sind noch viele andere Blumen zu sehen. Es gibt wenig Touristen und keinen Verkehr.

und versickert plötzlich wieder, als würde es magisch in die Erde gezogen. Andere Bäche schlängeln sich die Schotterfelder und Wiesen hinunter, vereinigen sich auf dem Talgrund zum Areuabach, der bei Nufenen in den noch jungen Hinterrhein mündet und dort durch frisch aufgewertete Auengebiete fliesst.

Die Bocchetta de Curciusa auf gut 2400 Meter über Meer bildet eine Wasserscheide zwischen der Nordsee und dem Mittelmeer. Grosse Steinbrocken prägen die Landschaft. Das Schmelzwasser bildet kleine Tümpel und Weiher. Es sind hoch gelegene Auengebiete, die durch die intensive Alpwirtschaft aber artenarm sind. Überall zwischen Steinen und Schotter murmelt das Wasser. Der Bergfrühling hält Einzug, er tut es unterhalb des Sattels mit grosser Farbenpracht. Bocchetta heisst «kleine Öffnung», und das verpflichtet. Wer hier von San Bernardino herkommend auf den Sattel tritt, dem bietet sich ein herrlicher Anblick. Weisse Bergkränze und leuchtend grünes Gras. Alpen-Anemonen, Täschelkraut, Knabenkraut, Felsen-Ehrenpreis, Schnee-Enzian und andere Blumen blühen, und die selten gewordenen Alpen-Apollofalter flattern umher. Am Boden liegen alte Kuhfladen. Sie düngen das Gras, das für die neue Weidesaison wächst. Je tiefer der Wanderweg ins Tal hineinführt, desto mehr entsteht der Eindruck einer Arena, die den Wanderer umgibt. Einzig nach Norden, in Flussrichtung des Areuabachs, öffnet sich der Blick.

Es ist ein idyllischer Flecken Erde hier, aber kein Paradies für die Ewigkeit, sondern eines mit unsicherer Zukunft. Der Landschaftsfachmann Hans F. Schneider verfasste für den WWF einen Grundlagenbericht zu Areuabach und Val Curciusa. Er enthält viele Argumente, die einen langfristigen Schutz des Tales rechtfertigen, denn das wasserreiche Tal beflügelt die Fantasie der Stromproduzenten schon lange. Ein Pumpspeichersee-Projekt auf der Curciusa Alta wurde 1999 aus wirtschaftlichen Gründen zurückgezogen. Vorausgegangen war ein jahrelanger Rechtsstreit der Initianten mit dem WWF Graubünden und anderen Umweltorganisationen. Peter Lüthi, der damalige WWF-Geschäftsführer, erinnert sich: «Der Kampf begann schon 1986, als wir merkten, dass dieses unberührte Tal in Gefahr ist. Ein wichtiges Ziel war die Sensibilisierung der Öffentlichkeit. Deshalb haben wir damals mit Ballonen und ei-

Nicht viel hätte gefehlt, und hier wäre kein frei sprudelnder Bergbach, sondern ein Stausee zu sehen.

nem gespannten Seil gezeigt, wie hoch die Staumauer werden würde.» Die Öffentlichkeit wurde aufmerksam, besonders nach einem grossen Alpfest mit fast fünfhundert Personen Ende der Achtzigerjahre. An diesem Alpfest trat auch der ehemalige Areua-Hirt Bruno Manser auf, der früher dort Schafe hütete. Die Gemeinde Nufenen war über das Treiben der Umweltbewegung wenig begeistert, und bei der Gemeindeversammlung zur Konzessionserteilung für das Pumpspeicherprojekt sagte jemand zu Peter Lüthi: «Wenn du nochmals kommst, stecken wir dich in den Dorfbrunnen.» Besonders medienwirksam war die Überbringung eines Curciusa-Steines an den damaligen Konzernchef von Elektrowatt; das war jene Firma, die die Baupläne vorantrieb. Irgendwann nahmen die Buchhalter aber den Taschenrechner in die Hand und stoppten die Baupläne. So musste das Bundesgericht am Ende nicht über das umstrittene Projekt entscheiden.

Peter Lüthi resümiert: «Dank unseres beherzten Einsatzes sind dieses Tal und seine ungezähmten Wasser wild und unversehrt geblieben. Ohne uns wäre das Val Curciusa unterdessen mit einer breiten Baustrasse erschlossen und mit einem mächtigen Staudamm für ein Pumpspeicherkraftwerk verunstaltet, das heute niemand mehr will.» Man ist ihm und seinen Mitstreitern dankbar, dass man die stundenlange Einsamkeit inmitten dieser vielarmigen Gewässer und der zahlreichen Murmeltiere noch heute geniessen kann.

Wohl in kaum einer kantonalen Sektion der Umweltorganisation WWF spielt Wasser eine solche zentrale Rolle wie in Graubünden. Während die Annahme der Rothenthurm-Initiative 1987 im Val Madris einen geplanten Stausee wegen des dortigen Flachmoors verhinderte, blieb die Auseinandersetzung um das Val Curciusa zäh. Obwohl die unabhängige Eidgenössische Natur- und Heimatschutzkommission zum Schluss kam, das Val Curciusa sei schutzwürdig, wurde noch bis 1999 weitergeplant. Bis heute ist die ENHK-Empfehlung nicht umgesetzt.

Das Val Curciusa grenzt an das Val Vignun, welches sich in die Moesa im Westen entwässert und als Landschaft von nationaler Bedeutung eingestuft ist. Das Val Curciusa selber verfügt über kleinere Moorgebiete und über unberührte oder von Rindern, Schafen und Pfer-

Es waren die Gletscher der letzten Eiszeit, die aus dem Val Curciusa ein kaskadenförmiges Tal mit steilen und flachen Abschnitten geformt haben. Noch heute arbeitet das Wasser an der Landschaftsarchitektur.

den beweidete Flächen. Teile des Tals sind zwar im Zonenplan der Gemeinde Mesocco als Landschaftsschutzzone und als Naturschutzzone festgesetzt. Auch ist das gesamte Tal als «regionale Landschaft» im kantonalen Inventar eingetragen. Doch die schönen Worte täuschen, denn keiner dieser Begriffe gewährt wirklich einen ausreichenden Schutz für das Gebiet. Im Zuge der Energiestrategie 2050 könnten deshalb die Begehrlichkeiten schnell wieder wachsen. Und zwar nicht nur aus energiepolitischen Gründen. Der Klimawandel lässt die Gletscher schmelzen und die Sommer werden trockener, die Schweiz könnte deshalb je nach Jahreszeit an Wassermangel leiden. Es kann gut sein, dass dann alte Pläne aus der Schublade geholt werden und die Diskussion über eine Staumauer wieder beginnt. Einfach mit neuen Argumenten. Die bestehenden Richt- und Zonenpläne lassen jedenfalls den Bau eines Wasserkraftwerkes mit Speichersee offen.

Deshalb gilt: Besuchen Sie das Tal, denn sanfter Tourismus kann immer mehr Menschen davon überzeugen, dass sich ein Schutz des Gebietes lohnt. Dafür müssen Sie es mit eigenen Augen sehen. Erst dann wird Ihnen klar, was es heissen würde, wenn zum Beispiel eine Wasserfassung und ein Laufkraftwerk im Gemeindegebiet von Nufenen realisiert würde, wie das Fachmann Hans F. Schneider befürchtet. Oder ein Saisonspeichersee oder ein Stausee mit Pumpspeicherkraft. Nur mit einem Schutz von der Quelle beim Ghiacciaio Curciusa bis zur Mündung in Nufenen kann nach Schneiders Ansicht der Areuabach sinnvoll geschützt werden. Aufgrund der Zugehörigkeit zu zwei verschiedenen Regionen und Gemeinden, nämlich Nufenen und Mesocco, wird ein solcher Schutz schwierig. Die Schutzwürdigkeit des Gebietes ist zudem nicht restlos geklärt. Wohl aus Rücksicht auf die potenzielle Wasserkraftnutzung wurde bisher auf eine Inventarisierung dieser Hochgebirgsauen ver-

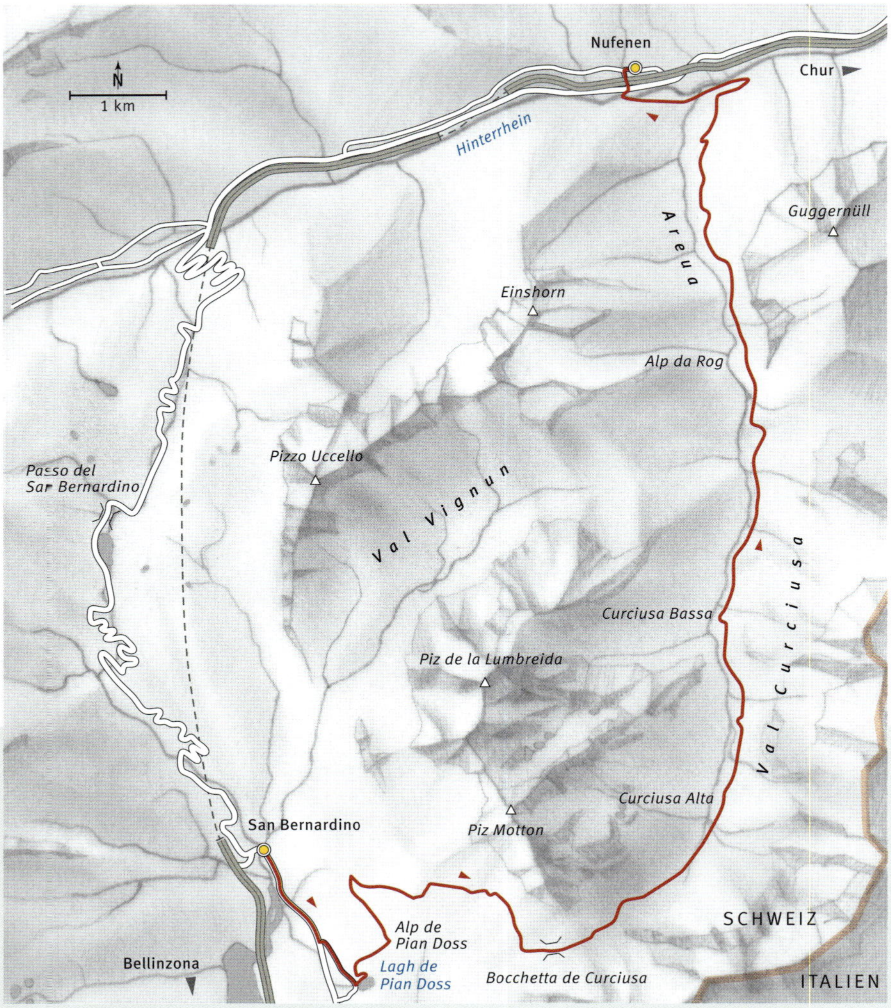

VOM VERKEHRSREICHEN PASS INS EINSAME VAL CURCIUSA

Das Val Curciusa lässt sich gut auf einem Wanderweg entdecken, der in San Bernardino beginnt. Der Weg ist bereits im Dorfzentrum ausgeschildert, die Wanderung dauert gut fünf Stunden. Schon kurz nach Dorfende wachsen Heidelbeersträucher am Wegrand, Föhren geben etwas Schatten und kleine Bäche schlängeln sich durch Blumenwiesen. Vor dem kleinen Badesee Lagh de Pian Doss (1650 m) breitet sich rechterhand im lockeren Wald eine Ferienhaussiedlung aus, und man denkt unwillkürlich an die Probleme mit der Landschaftszersiedlung. Nach einem kurzen Aufstieg zur Alp de Pian Doss leuchtet die Flanke des Piz Motton im morgendlichen Gegenlicht beeindruckend. Angenehm, dass der Aufstieg noch im Schatten liegt. Alpenrosen sind zu sehen, aber auch Verbuschungen von Ulmen, Brombeeren, Farne, Wacholder, Föhren und dazwischen Rinder auf der Suche nach Gras. Eine Tafel informiert über die Bestossung der Alpen und die Gefahr der Verwaldung, wenn keine Tiere mehr weiden. Rundherum wird viel Strom produziert. Das wird einem spätestens bewusst, wenn man das Knistern und Summen der Hochspannungsleitungen hört. Auch die Weidezäune stehen unter Strom, also Vorsicht. Ein Wegweiser zeigt, wo es rechts und steil der Bocchetta de Curciusa entgegengeht. Sind es zu Beginn der Wanderung kleine Strässchen, die später in breite Wanderwege übergehen, so ist es nunmehr ein Pfad, der in Richtung Bocchetta de Curciusa ansteigt. Der steile Aufstieg endet nicht gleich mit einer fantastischen Aussicht, sondern zuerst mit einem Blick auf einen kleinen Tümpel und auf Murmeltiere, die mit Pfiffen vor den Eindringlingen warnen. Noch steigt der Weg einige Meter sanft an, bevor er die Bocchetta erreicht und der Blick ins Val Curciusa frei wird. Man kann sich nicht verlaufen, denn der Weg folgt bis zur Alp de Rog dem Areuabach, der sich danach kaskadenartig durch eine tiefe Schlucht den Weg zum Hinterrhein bahnt. Der Wanderweg bleibt etwas erhöht, bevor er durch einen Wald absteigt.

ANREISE Über Chur oder Bellinzona mit dem Postauto nach «San Bernardino, Posta»

RÜCKREISE Ab Nufenen Postauto in Richtung Thusis

WANDERZEIT 6 Std. 45 Min.

HÖHENDIFFERENZ 1050 m Auf- und Abstieg

SCHWIERIGKEIT Mittel

KARTE Landeskarte 1:25 000, 1254 Hinterrhein

UNTERKUNFT Hotel Bellevue, San Bernardino: Telefon 091 832 11 26, www.bellevue-sanbernardino.ch. Traditionsreiches Haus aus dem 19. Jahrhundert mitten im Ort.

ESSEN Restaurant Postiglione, San Bernardino: Telefon 091 832 13 47. Ein wenig Italianità dank guten Pizzas.

INFORMATIONEN Ente Turistico Regionale del Moesano, San Bernardino: Telefon 091 832 12 14, www.visit-moesano.ch

Zwischen den letzten Schneeresten in der Höhe und den tiefer gelegenen Gebieten des Val Curciusa liegen mehrere Vegetationszonen mit typischem Bewuchs.

zichtet, sodass ein Überblick über den Wert der Lebensräume fehlt. Den sichersten Schutz sieht Schneider in der Aufnahme der Auen in das Biotopinventar. Vorher müsste jedoch die Beweidung angepasst werden, damit die degradierten Auen wieder artenreicher werden können. Schneider ist sich sicher: Das Potenzial ist riesig.

Nach dem Abstieg von der Bocchetta auf die Ebene Curciusa Alta öffnet sich das Tal, es wird flacher, der Bach mäandriert, und aus allen Richtungen fliesst weiteres Schmelzwasser herbei, um gemeinsam den Weg in Richtung Nufenen zu nehmen. Wie Adern durchziehen die Wasserlinien die Ebene. Noch ist alles unberührt: Nur ein roh gezimmerter Unterstand lässt auf Menschen schliessen. Erst im unteren Teil des Val Curciusa, in Curciusa Bassa und auf der Alp de Rog, weiden bereits im Frühsommer Kühe. Auch Schafe und vor allem Pferde sind zu sehen, die hier den Sommer verbringen. Die Bestossung wirkt recht intensiv, und auch einige Hundert Meter höher gibt es viele Kuhfladen. Später im Sommer weidet das Vieh dort oben und verursacht in den Auen grosse Schäden.

Auf dem weiteren Abstieg verengt sich das Tal nochmals, eine einzige Schäferhütte ist zu sehen. Der Weg steigt durch einen Wald nach Nufenen ab und entlässt die Besucher dieses einsamen Tals etwas verwirrt wieder in die Zivilisation, so abrupt ist der Übergang. Zwar gibt es noch den Zusammenfluss zwischen dem Areuabach und dem Hinterrhein zu sehen, vor allem aber vorbeiflitzende Autos, deren Insassen so schnell wie möglich die Alpen hinter sich bringen wollen, egal ob in Richtung Norden oder Süden. Es ist ein anderes Rauschen, das nun an die Ohren dringt. Man würde es gerne wieder mit dem Bachrauschen eintauschen. (MA)

VORDERRHEIN
Heimat bedrohter Vögel

Die Rheinschlucht ist der Grand Canyon der Schweiz. Hält man sich in dem rund fünfzehn Kilometer langen Abschnitt auf, vergisst man, dass rundherum Autos auf Schnellstrassen brausen oder das Wasser des Rheins verstromt wird.

Eine Wanderung in der Rheinschlucht ist ein atemberaubendes Erlebnis. Man kann sich von drei Seiten her nähern: im Osten über Bonaduz, von Westen her über Ilanz und in der Mitte von Flims her oder von Versam-Safien, der Zugshaltestelle inmitten einer spektakulären Natur. Egal welche Variante man wählt: Es fühlt sich an wie eine Wanderung durch Postkartenlandschaften. Ganz allein ist man allerdings nicht: Fischer angeln nach Forellen, Schulklassen bräteln an den zahlreichen Feuerstellen, Kanu- und Raftingfahrer flitzen vorbei. Kein Zweifel, dieses Naturparadies ist beliebt.

Die Ruinaulta, so heisst die Schlucht auf Rätoromanisch, ist ein geologisch aktives Gebiet. Begonnen hat die Geschichte mit dem Flimser Bergsturz vor rund 9500 Jahren. Es ist das Ende der Eiszeit, das Eis türmte sich zwei Kilometer hoch auf und zermürbte die Berghänge mit seinen Bewegungen. Als der Druck nachliess, das Wasser abfloss und der tauende Permafrost zusätzlich für Instabilität sorgte, kam es irgendwann zum wohl grössten Bergsturz Europas. Zwischen 12 und 15 Milliarden Kubikmeter Gestein stürzten in die Tiefe. Das ist, als würden eine Million Einfamilienhäuser ins Tal donnern. Für den blockierten Rhein war kein Durchkommen mehr, und bei Ilanz bildete sich ein See. Dessen Spiegel staute sich bis auf eine Höhe von 936 Metern über Meer. Wenn man bedenkt, wie hoch Ilanz liegt (rund 700 m), muss dieser See eine mit dem heutigen Bodensee vergleichbare Wassertiefe gehabt haben. Selbst nach einem ersten Durchbruch und dem Absinken des Wasserspiegels auf 820 Meter über Meer war der Ilanzersee noch 23 Kilometer lang. Auf diesem Niveau verharrte er mehrere Hundert Jahre, bis er verlandete und der Vorderrhein begann, sich langsam auf das heutige Niveau hinunterzugraben.

Zurück blieb die Ruinaulta. Das rätoromanische Wort ist eine Zusammensetzung von «Ruina aulta», was «grosse Schutthalde» bedeutet. Dazu gehören auch die gewaltigen, bis dreihundert Meter hohen, weissen Kalksteinwände. Zurück blieben aber auch viele Erdpfeiler, Flussterrassen und eine herrliche Fluss- und Auenlandschaft mit grossem Artenreichtum. Das Naturparadies, das auch Grand Canyon der Schweiz genannt wird, ist vom Kalkstein aus der Jura- und Kreidezeit geprägt. Das vielfältige Relief hat für die Entwicklung verschiedener

Die Ruinaulta ist nicht nur landschaftlich schön. Ihre Entstehung durch einen Bergsturz und die stetige Erosion machen sie auch biologisch und geologisch höchst interessant.

Lebensräume gesorgt. Neben den Auen sind im stark strukturierten Bergsturzgebiet auch trockene Schluchthänge, Flachmoore, Seen, Wälder und Trockenrasen entstanden.

Gleich bei Versam-Safien macht der Vorderrhein eine gewaltige Schlaufe, in deren Innerem sich eine bewaldete Halbinsel gebildet hat. Hier ist der Boden sandig und trocken. Der Fluss hat es in Tausenden von Jahren nicht geschafft, sich einen direkten Weg zu bahnen. Er kurvt durch die Rheinschlucht, bildet Sandbänke, kleine Inseln und spült bei Hochwasser alles wieder weg. Trotz des schmalen Streifens im Schluchtinnern sind verschiedene Auenlebensräume entstanden. Sie reichen von gewässernahen, fast vegetationsfreien Pionierräumen über Auen-Weidengebüsche bis zu monotonen Grauerlenwäldern auf leicht erhöhten Terrassen.

Die Formung der Landschaft geht weiter. Darauf deuten auch die Warnungen vor herunterfallenden Steinen hin, die immer wieder zu sehen sind. Die Schilder sagen unmissverständlich: Die Ruinaulta ist noch immer wild. 2002 löste ein grösserer Felssturz eine Flutwelle aus und verletzte Menschen am Ufer.

Die zerklüfteten, südexponierten Felshänge bilden eigene Lebensräume, beispielsweise für die pionierhaften Schuttpflanzen, aber auch für Erikaheiden. In vielen Felsspalten brüten Wanderfalken. Der Insektenreichtum ist eindrücklich und ein gefundenes Fressen für die Grosse Hufeisennase, eine seltene Fledermausart. Es ist die letzte grosse Kolonie in Mitteleuropa. In den Erika-Föhrenwäldern wachsen ausserdem viele Orchideenarten. Gemeinsam mit vielen anderen Blütenpflanzen bilden sie die Lebensgrundlage für die 350 nachgewiesenen Schmetterlingsarten.

Der bekannte Ferienort Flims wurde ebenfalls auf den Geröllmassen gebaut. Ein Phänomen sind auch eine Reihe von Tümpeln wie etwa der Lag Prau Pulté, dessen Zu- und Ablaufsystem den Forschern lange ein Rätsel war. Dieser kleine See verschwindet im Herbst spurlos. Zurück bleibt nur eine zehn Meter tiefe Senke, aus der im Mai wieder Wasser sprudelt. Wenn neues Wasser hineinströmt, brodelt es. Der Teich kocht, sagen die Flimser dann. Auch der Lag Prau Tuleritg trocknet im Herbst aus. Beide Weiher sind mit der «Perle von Flims», dem Caumasee, über unterirdische Gänge ver-

bunden, durch die nebst Wasser auch Luft zieht, welche das Blubbern verursacht. Bereits im 19. Jahrhundert ging der Zürcher Geologe Arnold Escher der Frage nach, was hier geschieht. Er glaubte an einen Zusammenhang mit der hier in der Nähe liegenden Glarner Doppelfalte, die auch als Hauptüberschiebung bekannt ist. Er stellte sich vor, die Erde kühle langsam ab und schrumpfe deshalb wie ein Apfel, was die Falten erkläre.

Heute glaubt man, die Überschiebung sei durch die Plattentektonik entstanden, also bereits vor 20 bis 30 Millionen Jahren. Deshalb hat sie also nichts mit dem Bergsturz vor rund 9500 Jahren zu tun. Seit dem Bau des Umfahrungstunnels ist das Phänomen übrigens zurückgegangen. Offensichtlich entweicht nun an anderer Stelle Druck, und es tritt weniger Wasser in die Weiher aus.

Der türkisgrüne Caumasee, der mit seiner Farbe der Karibik Konkurrenz macht, ist ebenso Teil des durch den Bergsturz verursachten Trümmersystems wie die erwähnten Weiher und die tiefe Rheinschlucht. Letztere ist übrigens auf der Flimser Seite von der Aussichtsplattform «Il Spir» besonders gut zu sehen. Die elegante Metallkonstruktion scheint gleichsam über dem Abgrund zu schweben. Doch sie symbolisiert auch die Zweischneidigkeit der aktuellen Entwicklung. Die «Disneylandisierung» verträgt sich schlecht mit einem nachhaltigen Naturschutz, und der Druck auf diese einzigartige Landschaft hat in den letzten Jahren zugenommen. Den Bau der Kraftwerke Ilanz 1 und 2 konnten der WWF und andere Umweltorganisationen zwar nicht verhindern, dafür aber 1991 den Bau einer Schnellstrasse durch die Rheinschlucht. Stattdessen wurde die Umfahrung Flims gebaut. So blieb die Ruinaulta erhalten und ist nun Teil des Regionalen Naturparks Beverin.

Die Umweltfachfrau und Wildhüterin Pirmina Caminada ist in der Rheinschlucht Rangerin. Sie versucht die Besucher in erster Linie zu «sensibilisieren, denn in der Ruinaulta blühen seltene Pflanzen und es brüten bedrohte Vögel». Vor allem auf den Kies- und Sandbänken in Flussnähe, im Gebiet der vegetationsfreien Flächen, sollten die Wanderer sehr vorsichtig gehen. «Hier brüten Flussuferläufer und Flussregenpfeifer. Vom Flussuferläufer gibt es in der ganzen Schweiz noch

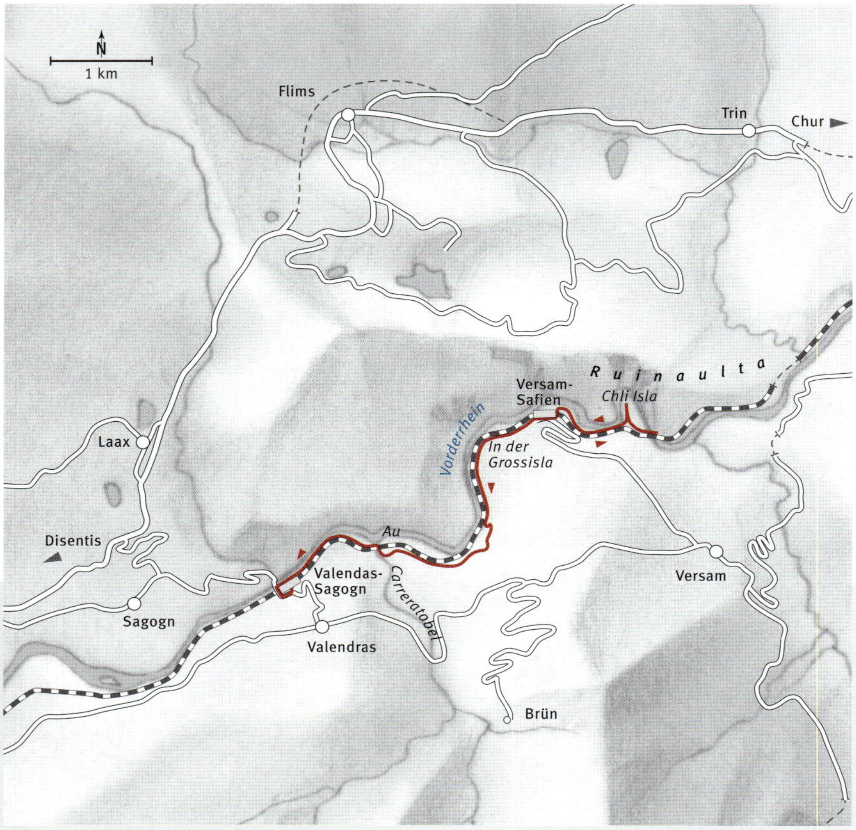

FLUSSAUF UND FLUSSAB DURCH DEN GRAND CANYON DER SCHWEIZ

Die Bahnstation Versam-Safien ist ein guter Ausgangspunkt, um die Magie der Rheinschlucht zu erleben. Dabei lohnt es sich, in beide Flussrichtungen zu gehen. Mit einer Stunde Extrazeit wandert man in Fliessrichtung, bis der Wanderweg und die Eisenbahn gemeinsam den Vorderrhein überqueren. Auf dem Rückweg lohnt sich ein Schlenker über die «Chli Isla» mit ihrem Schatten spendenden Wald und den einladenden Feuerstellen. Die Schlaufe ist ausgeprägt, und es ist deshalb interessant zu beobachten, wie Riverrafter und andere Bootsfahrer die Stelle meistern. Zurück bei Versam-Safien geht der Weg in westlicher Richtung weiter. Ausgeschildert ist er mit Valendas-Sagogn und dauert etwa eineinhalb Stunden. Der Weg führt flussaufwärts nahe dem Rhein, steigt dann etwas an und folgt einem kleinen Kamm in einer schneeweissen Kalklandschaft. Der Blick auf den Rhein ist majestätisch. Nach einer zweiten Passage unterhalb zerklüfteten und erodierten Felsen steigt der Weg leicht an. Nach einem Waldabschnitt wird unterhalb die Lichtung Isla und später die Lichtung Au sichtbar. In diese steigt der Weg ab und trifft dort wieder auf den Rhein, wo der Carrerabach ein kleines Delta bildet. Er zwingt den Fluss zu einer Schlaufe. Am Ufer liegen verschieden gemusterte Steine in allen Grautönen. Einige Büsche und Bäume, darunter Pappeln, zeigen dem Fliessgewässer ihre Absicht, hier mitgestalten zu wollen.
Beim Weitergehen stösst man auf einen prächtigen Sandstrand, Schwemmholz liegt herum, Sand staut sich und gibt Pionierpflanzen die Chance, sich anzusiedeln. Auch in Kuhlen, wo es länger feucht ist, keimt es schnell grün, sobald sich der Fluss etwas zurückzieht und die Fluten nicht alles mitreissen.

Es ist ein Zyklus von Werden und Vergehen. Die Existenz der Pionierpflanzen ist fragil, doch das ist die Funktionsweise dieses Ökosystems. Die Lebensbedingungen ändern schnell. Wenn sich übrigens ein «Stein» plötzlich bewegen sollte, könnte es sich um einen Flussregenpfeifer oder Flussuferläufer handeln, der hier brütet. Sie sind perfekt getarnt, damit sie von Räubern aus der Luft nicht erkannt werden können. Natürlich ziehen die Uferpartien die Menschen magisch an: Die Steine laden zum Aufschichten, Stauen und Bilder Gestalten ein. Doch die Aufmerksamkeit sollte wegen der Brutvögel auf den Boden gerichtet sein. Von hier, also von Au aus, ist es nur noch etwa eine halbe Stunde bis Valendas-Sagogn, wo einen die Rhätische Bahn wieder zurück nach Versam-Safien bringt.

ANREISE Mit dem Zug via Chur bis Versam-Safien

RÜCKREISE Zug ab Valendas-Sagogn in Richtung Chur

WANDERZEIT 3 Std.

HÖHENDIFFERENZ 300 m Aufstieg, 260 m Abstieg

SCHWIERIGKEIT Leicht

KARTEN Landeskarte 1:25 000, 1194 Flims und 1195 Reichenau

UNTERKUNFT Gasthaus Rössli, Versam: Telefon 081 645 11 13, www.roessli-versam.ch. Gemütliches Gasthaus im Dorf über der Schlucht.

ESSEN Gasthaus am Brunnen, Valendas: Telefon 081 920 21 22, www.gasthausambrunnen.ch. Edle Adresse, gutes Essen, preislich höherklassig. Für den kleinen Hunger gibts auch am Bahnhof etwas.

INFORMATIONEN Geschäftsstelle Naturpark Beverin, Wergenstein: Telefon 081 650 70 10, www.naturpark-beverin.ch

Die Sandbänke am Fluss sind Lebensraum und Brutgebiet von Flussuferläufer und Flussregenpfeifer. Besucher sollten sich hier vorsichtig bewegen und auf den Boden achten.

zwischen 75 und 120 Paare. Und hier ist ein bedeutendes Brutgebiet», erklärt Pirmina Caminada. Das Betreten der sich formenden und vergehenden Inseln sollte deshalb ganz vermieden werden, ebenso das Betreten der Schutzgebiete.

Immerhin wurde die Region der Ruinaulta bereits 1977 als eines der ersten Gebiete ins Bundesinventar der Landschaften und Naturdenkmäler von nationaler Bedeutung (BLN) aufgenommen. Das BLN-Gebiet beginnt schon bei Castrisch unweit von Ilanz. Hier und in der Ruinaulta selber liegen Auengebiete von nationaler Bedeutung. Die Ruinaulta ist ausserdem ein Smaragdgebiet; so heissen nach Definition der Berner Konvention besonders wertvolle Lebensräume.

In den Auen blühen der Zwerg-Rohrkolben, die bedrohte Virginische Mondraute, ein Rautenfarn, und viele andere bedrohte Pflanzenarten. Zudem ist das ganze Ruinaulta-Gebiet ein Laichgewässer und wichtiger Lebensraum für die gefährdete Seeforelle. Die Ranger in der Rheinschlucht sind ein Pilotprojekt des Regionalen Naturparks Beverin. Pirmina Caminada hat gute Erfahrungen gemacht: «Wenn wir die Besucher auf den Wert dieser Gewässerperle ansprechen, reagieren sie mit Verständnis. Niemand will versehentlich Eier von seltenen Vögeln zertreten.» Regelmässig finden zudem Exkursionen statt, wo Einheimische und Touristen ihr Wissen über diese Rheinstrecke vertiefen können. Es lohnt sich. (MA)

GREINA, GLENNER UND SUMVITG

Durch wilde Täler auf den Dachboden der Schweiz

Die mit Wasseradern durchzogene Greina-Hochebene löste einen der lautesten Weckrufe für den Schweizer Umweltschutz aus. Er wurde gehört, das beweist die nach wie vor unberührte Landschaft. Doch der Kampf ist lange her. Wird unser Land diese einmalige Berglandschaft auch weiterhin verteidigen?

«Das hier ist ein besonderer Ort, ein Ort der Kraft, an dem ich schnell meine Ruhe finde.» Pirmina Caminada ist Wildhüterin, Natur- und Kräuterfachfrau, Ornithologin und Autorin des Buches «Orte der Magie – Wanderungen zu den kraftvollen Plätzen in der Val Lumnezia». Sie sitzt auf der Friedhofsmauer der spätgotischen Kirche St. Lorenz in Surcasti. Der auf gut 1000 Meter über Meer gelegene Ort dürfte schon zur Karolinger Zeit ein besonderes Bijou gewesen sein, auch weil er selbst in der grössten Trockenheit und bei klirrender Winterkälte über fliessendes Wasser verfügte. Das verdankten die Menschen der Quelle von Surcasti. Sie war ein besonderer Segen, denn die Gegend ist geologisch ungünstig: Wasser versickert schnell. Quelle, Kirche und ein Kastell, die einstige Burg der Familie Ueberkastel, stehen auf einem Felssporn über dem Zusammenfluss von Valserrhein und Glenner: ein Ort der Kraft und Magie.

Tatsächlich ist das weite Val Lumnezia lichtdurchflutet und tut deshalb seinem Namen alle Ehre. Es ist sanfter und breiter als andere Täler, welche das Greina-Gebiet entwässern. Und es hat Menschen seit langer Zeit angezogen. Denn die grünen Flanken präsentieren sich der Sonne wie grosse Terrassen. Zehn Kilometer weiter südlich, kurz nach dem Dorf Surin, lebten schon während der Bronzezeit Menschen, und zwar in der prähistorischen Wehranlage Crestaulta, die auf knapp 1300 Metern über Meer liegt. Dieser für die Urgeschichte Graubündens bedeutende Fundplatz wurde bereits in den Dreissigerjahren teilweise ausgegraben. Die Bewohner kultivierten das Land während 700 Jahren – bis etwa 1300 vor Christus. Sie stellten aus Erzen und Kupfer Sicheln, Beile, Dolche und Schmucknadeln her und

Vrin (links oben) ist eines der idyllischen Dörfer des Val Lumnezia.

Die Landschaft wechselt auf faszinierende Weise zwischen wild, wasserreich und lieblich. Das Val Lumnezia ist sehr artenreich. Nicht nur der C-Falter (unten links), sondern auch der Kleine Rohrkolben (unten rechts) fühlen sich hier wohl.

formten aus Ton schöne Gefässe. Gefunden wurden Reste von mindestens 436 verschiedenen Gefässen. Die Archäologen entdeckten auch Herdstellen, einen kleinen runden Kellerbau und Brandreste, die auf einen Schmelz- oder Schmiedeofen schliessen lassen. Funde von Weizenkörnern, Gerste und Feldbohnen sowie Knochenreste von Tieren geben Hinweise auf ihre Ernährung: Die Crestaulta-Menschen lebten wohl vor allem von Ackerbau und Viehzucht, weniger von der Jagd. Aufgrund der Häuserreste schätzen die Archäologen die Zahl der Bewohner auf drei bis vier Dutzend. Warum die Siedlung verlassen wurde, ist nicht bekannt.

Der Hügel von Crestaulta fällt zum Glenner hin steil ab, er sieht aus wie ein markanter, ins Gelände gesetzter Riesenhut. Diese Topografie muss den bronzezeitlichen Menschen verlockend erschienen sein, denn sie erleichterte die Verteidigung und schützte gleichzeitig vor Hochwasser. Rund fünfzig Meter tiefer fliesst der Glenner und gewährt Zugang zu Wasser, dazu das milde und sonnige Klima machen aus der Crestaulta einen Ort zurückhaltender Erhabenheit, einen Flecken Erde, der sich erst auf den zweiten Blick als kleines Paradies entpuppt. Die Menschen haben es dennoch schon früh entdeckt.

Nicht nur die Greina, auch die sie entwässernden Täler bilden Gewässerperlen der besonderen Art. Dazu gehört sicher der Glenner oder Glogn, wie er auf Sursilvan heisst. Er entwässert den Piz Terri. Sein wichtigster Zufluss im oberen Bereich ist die Aua da Diesrut, welche den Piz Tgietschen und den Piz Zamuor entwässert. Dazu gehört aber auch der Rein da Sumvitg, in dem die Wasser der Greina-Hochebene fliessen. Während das

Tal von Sumvitg wilder erscheint, weniger bevölkert und weniger fruchtbar ist, gibt es im Lugnez mehrere Dörfer. Sie haben aber mit dem wilden Glenner wenig zu tun. Der gestaltet sich in tiefen, unzugänglichen Schluchten seine eigene Welt.

Doch die Welt des Glenners ist in Gefahr. Es gibt Pläne, das Wasser grossräumig zu nutzen und jährlich über 30 Millionen Kubikmeter Wasser im Kraftwerk Zervreila zu turbinieren und in den Hinterrhein umzuleiten, so, wie dies mit dem Valserrhein auch geschehen ist. Immerhin haben die Umweltorganisationen die juristischen Auseinandersetzungen vor Bundesgericht vorerst gewonnen. Die geplante Umleitung hätte auch Einfluss auf die geschützten Auengebiete in der Rheinschlucht, und würde dem Glenner Kraft rauben. Auf seinem Weg in die Tiefe hat er eine reizvolle Landschaft geformt, ein Tal, in dem auch die rätoromanische Kultur noch lebendig ist. Das empfindet auch Katharina Belser so, die vor über zwanzig Jahren hergezogen ist und hier als Sozialwissenschaftlerin arbeitet. Sie ist Vorstandsmitglied beim WWF Graubünden und setzt sich für den Erhalt des Glenners ein – auch wenn sie weiss, was es bedeutet, dem Gestaltungswillen dieses wilden Flusses ausgesetzt zu sein. Bei Hochwasser reisst er von den Ufern Material mit sich, was dazu führt, das die entsprechende Menge nachrutscht. «So bewegen wir uns ständig ein Stück talwärts, an manchen Orten sind es über zehn Zentimeter jährlich», sagt Katharina Belser.

Mehr als in anderen ländlichen Gegenden betreiben hier viele Menschen noch Landwirtschaft. Mit modernen Hilfsmitteln allerdings. An einem Heutag etwa knattern die Laubbläser, die hier als Grasbläser dienen. Die meisten Dörfer liegen wie auf einer Perlenkette aneinandergereiht auf der Sonnenterrasse der westlichen Talseite. Hier hat sich in den letzten Jahren einiges geändert, und Katharina Belser begegnet dem Bauboom mit Skepsis, denn es gab einige Bausünden. Die östliche Talseite ist einsamer, und es gibt kaum direkte Verbindungen zwischen den Dörfern. Der Kontakt zur Aussenwelt führt für die Bewohner der östlichen Talseite in die Schlucht hinunter, über eine Brücke und auf der anderen Seite wieder hoch. Manchmal scheint die gegenüberliegende, westliche Talseite nur einige Steinwürfe entfernt, doch die Schlucht des Glenner ist so tief und zerklüftet, dass der Einschnitt trennend wirkt. Nochmals eine ganz eigene Welt betritt, wer gegen die Flussrichtung via Sogn Giusep und Puzzatsch über die Alp Diesrut auf die Hochebene der Greina steigt.

«Das ist für mich der mystischste Ort der Gegend», sagt Pirmina Caminada ohne Zögern. Die Greina nimmt für sie unter den vielen magischen Plätzen eine besondere Stellung ein. Flurin Maissen, ein bekannter Naturwissenschaftler und Benediktinerpater, der in Rumein lebte, bezeichnete die Greina als «eine Welt der Trennung und Vielfalt». Die Hochebene liegt auf etwa 2100 bis 2400 Metern über Meer, ist sieben Kilometer

Impressionen des Glenner. Während der Rein da Sumvitg und seine Zuflüsse nur im oberen Teil frei fliessen, kann der Glenner (Seite 46–49) sich grösstenteils frei entfalten.

lang und bis zu drei Kilometer breit. Sie ist eine bedeutende Wasserscheide der Schweiz und wird durch die Erosion weiter geformt. Die Greina wurde im 12. Jahrhundert im Patto die Torre, einem Bundesbrief im Bleniotal, erstmals als «Culmen de Agrena» erwähnt. Der Name könnte vom rätoromanischen Wort «Crena» abstammen, was Kerbe und Einschnitt bedeutet.

Auf der Plaun la Greina, wie die Hochebene heisst, treffen auch die Tessiner und die rätoromanische Kultur aufeinander. Während sich im Norden die Territorialherrschaft von Adeligen breitmachte, wehrten sich die Menschen im Süden gegen fremde Herren. Die Talschaften der Leventina und des Bleniotals schworen im Eid von Torre, dass sie keine fremden Burgen und Vorsitzenden ihrer Gerichtstage dulden. Zwischen dem 13. und 16. Jahrhundert wohnten deutlich mehr Menschen im Einzugsgebiet der Greina als heute. Das weckte die Hochebene langsam aus ihrem Tiefschlaf. Sogar in weit abgelegenen Höhenlagen gab es Dauersiedlungen. Mancher Tessiner und manche Tessinerin zog wegen der Sömmerung für immer über die Greina hinweg in den Norden. Denn fruchtbare Weideflächen waren im Süden knapp. Der Weg aus dem Bleniotal etwa über den Diesrutpass ins Lugnez war beschwerlich und dauerte manchmal zwei Tage. Es waren oft Tessiner Frauen, welche die Alparbeit verrichteten und sennten. Man besuchte gegenseitig die Märkte und versuchte Geschäfte zu machen. Begehrt bei den Tessinern und Italienern waren die Rinder. Umgekehrt verkauften sie dafür Kastanien und Früchte.

Die Greina war über Jahrhunderte eine Rinder-, vor allem aber eine Schaf- und Rossalp und eine Durchzugs-

alp für nomadische Schäfer. Die meist italienischen Schäfer lebten den Sommer über in bescheidenen, selbst errichteten Steinbehausungen mit Feuerstelle. Ein Schaffell diente als Bett. Das Leben war extrem einfach; selbst Holz musste hergetragen werden. Die Bauern rund um die Greina hielten und züchteten vor allem das im Alpenraum verbreitete Grauvieh. Die alpinen Schafe waren wohl Verwandte der heutigen Oberländer und Montafoner Schafe, und auch die Schweine waren nicht rosa, sondern eher schwarz, klein und wendig – also dem heute wieder gezüchteten Alpenschwein verwandt. Bis Anfang des 20. Jahrhunderts war jeder Bauer auch Hirte und Jäger: Gämsen, Steinböcke und Murmeltiere wurden so stark gejagt, dass sie teilweise ausstarben. Das Gleiche gilt für unwillkommene Wildtiere. So gab es lange eine Abschussprämie für jeden der immer selteneren Adler. Bis in die Neuzeit waren die Alpweiden zu stark beweidet, der Boden erodierte, viele Tiere magerten ab, grasten an gefährlichen Weideplätzen und stürzten ab.

Erst mit der Industrialisierung und den neuen Arbeitsplätzen im Unterland, aber auch mit der Mechanisierung der Landwirtschaft – und der damit verbundenen Ertragssteigerung – zogen sich die Menschen langsam aus dem Adula-Gebiet zurück, zu dem auch die Greina gehört.

Der WWF unterstützte mit anderen Umweltorganisationen immer wieder Projekte, die eine naturnahe Landwirtschaft und sanften Tourismus fördern. Trotzdem ist es im Lumnezia und der Greina stiller geworden. Sie ist heute ein Paradies für Wanderer, Schäfer, Jäger und Naturliebhaber. Und sie bleibt es hoffentlich auch. Denn der Energiehunger brachte (und bringt)

Über weite Strecken sind die Ufer des Glenner nur schwer zugänglich. Dadurch ist das Gewässer relativ unberührt.

immer wieder bizarre Pläne hervor. Die Wasser des Rein da Sumvitg sollten zusammen mit jenen des Ri di Motterascio und des Brenno della Greina in den 1980er-Jahren ihr weitverzweigtes Dasein verlieren. So sahen es die Pläne der Energiewirtschaft vor: Schluss mit verträumten Wasserschlaufen um Steine herum, fertig mit Tümpeln und Kleinstweihern, in denen sich der hochalpine Himmel in allen Blautönen spiegelt, vorbei mit moorartigen Böden und sich immer wieder verformenden Inselchen zwischen den vielen Flussarmen. Dazu sollten ergänzend ein Atomkraftwerk bei Rüthi und Staumauern im Val Curciusa, im Val Madris und in der Greina-Hochebene entstehen – es sind nur einige Beispiele der damaligen Baufantasien.

Dann kamen die Katastrophen von Tschernobyl und Schweizerhalle und die alte Erkenntnis, dass das Wirtschaftswachstum einen hohen Preis hat. Der noch junge WWF lancierte zusammen mit anderen Umweltorganisationen die Idee eines Energie-Fonds, aus dem Gemeinden entschädigt werden sollten, die auf einen Kraftwerk-Ausbau verzichten. Das sollte die Entscheidung zugunsten einer intakten Umwelt erleichtern. Auch wenn die Initiative damals für ungültig erklärt wurde, kam sie ein Jahrzehnt später mit der Einführung des Landschaftsrappens wieder auf den Tisch. Mit öffentlichkeitswirksamen Kampagnen gelang es den Umweltorganisationen und engagierten Menschen, den drohenden Untergang dieses Alpenparadieses ins Bewusstsein der Öffentlichkeit zu bringen. Die Stimmung begann zu kippen. Der massive Widerstand gegen die Baupläne der Stromwirtschaft in der faszinierenden und speziell an nebligen Tagen fast mystischen Greina-Hochebene hatte Erfolg.

Dass aber auf den Bau verzichtet wurde, hatte auch wirtschaftliche Gründe. Wachsamkeit ist deshalb auch heute noch angezeigt. Zur Absicherung der neuen Energiestrategie könnten Politiker durchaus wieder auf die Idee kommen, Schutzverordnungen aufzuweichen und unberührte Gegenden zu fluten. Zwar gehört die Greina zum Bundesinventar der Landschaften und Naturdenkmäler von nationaler Bedeutung (BLN). Trotz dieses Schutzes ist laut Energiegesetz eine Interessenabwägung mit Kraftwerksanlagen möglich.

Doch vorderhand ist das noch kein Thema, und der ehemalige Geschäftsführer des WWF Graubünden, Peter Lüthi, ist stolz auf das Erreichte: «Wenn ich heute durch Graubünden reise, geht es mir gut. Denn überall begegne ich Landschaften und Naturrefugien, die ohne unseren Einsatz verloren gegangen wären.»

Etwas westlich des Aufstiegs von Vrin über die Alp Diesrut auf die Greina liegt die Terrihütte. Ihr zu Füssen entwässert der Rein da Sumvitg die Hochebene. Auf seinem Weg nach Norden formt er ein wildes Tal, in dem das geschichtsträchtige Hotel Tenigerbad liegt. Die bittersalzige Gipsquelle wurde 1580 erstmals erwähnt. Es war zuerst ein Bauernbad, wurde im 19. Jahrhundert aber zu einem Luxusbad. Mit Ausbruch des Ersten Weltkrieges endete die Blütezeit. Das Hotel ging 1978 Konkurs. Die ungeteerte Strasse von Sumvitg im Vorderrheintal hoch in Richtung Tenigerbad ist schmal und abenteuerlich, der Blick hinunter ein kleiner Schock: Kein Wasserrauschen ist zu hören, keine Wasserfälle sind zu sehen. Die Schlucht des Rein da Sumvitg wirkt im unteren Teil wie die vertrocknete Kruste einer Wunde. Wo bloss bleibt das Wasser? Es wird weiter oben beim Stausee von Runcahez gefasst – und zwar bis auf den letzten Tropfen. Eigentlich handelt es sich um ein Ausgleichsbecken, das aber fast 450 000 Kubikmeter Wasser fasst. Das Wasser wird von hier aus direkt der Zentrale Tavanasa am Vorderrhein zugeführt, die zur Axpo-Gruppe gehört. Nicht anders ergeht es den anderen gefassten Flüssen und Bächen in einem Einzugsgebiet von über zweihundert Quadratkilometern. Dank zähen Verhandlungen, an denen auch der WWF teilnahm, wurden die Restwassermengen für den Rein da Medel, den Rein da Tuma und den Rein anteriur bei Sedrun so festgelegt, dass sie zumindest nicht mehr trockenliegen. Erst wenn das Wasser rund vierzig Kilometer Stollen hinter sich und die Turbinen zum Rotieren gebracht hat, darf es in sein angestammtes Bett zurück. Dies geschieht aber im Takt der Stromproduktion. Einmal kommt viel, dann wieder kein Wasser.

Die Farbe des Stausees bei Runcahez wechselt je nach Himmelsfarbe zwischen Smaragd und Türkis – ein schöner Anblick, auch wenn die Staumauer über den Zweck des Baus keinen Zweifel offenlässt. Eine Tafel mit dem Hinweis auf das Betreten eines Eidgenössischen Jagdbanngebietes informiert, welche Tiere hier eine

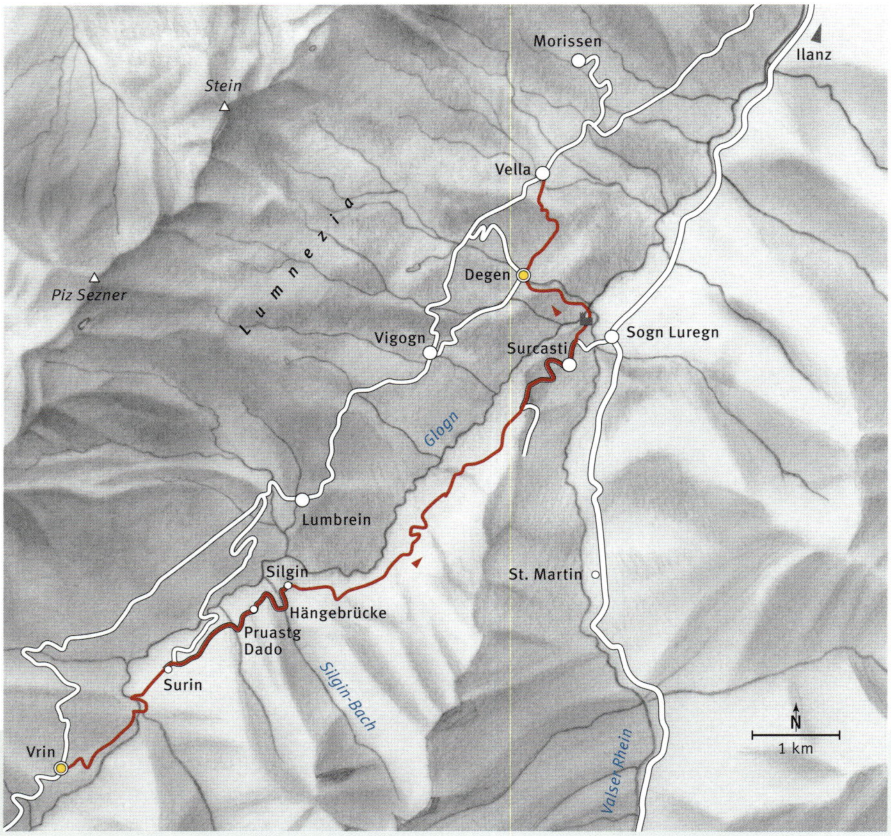

VON VRIN IN DIE SCHLUCHT DES GLENNER UND NACH VELLA

Vrin ist ein ursprüngliches Dorf, das 1998 den Wakker-Preis des Schweizer Heimatschutzes erhielt. Es ist gelungen, die heutigen Bedürfnisse mit den baulichen Traditionen in Einklang zu bringen. Neuere Gebäude tragen oft die Handschrift des einheimischen Architekten Gion A. Caminada, der diesen Weg vorgezeichnet hat.
Nach der ersten Überquerung des Glenner, Rätoromanisch Glogn genannt, führt der Aufstieg direkt an einer bronzezeitlichen Siedlung vorbei zum Weiler Surin. Vorbei an Blumenwiesen, heuenden Bauern, an den Weilern von Pruastg und nach einer kurzen Passage auf der schwach befahrenen Strasse kommt die verheissungsvolle Ankündigung einer Hängebrücke. Sie hat eine Spannweite von über sechzig Metern und führt in ähnlicher Höhe über den Silgin-Bach. Der Weg ist teilweise in den Felsen geschlagen, gut gesichert und die Brücke eine kühne Konstruktion. In Silgin lohnt sich der Besuch der Kapelle. Das kleine, fast quadratische Gotteshaus ist mit Wandmalereien aus dem 17. Jahrhundert geschmückt. Sie zeigen Motive aus dem Evangelium. Auffällig sind auch die Aussenwandmalereien an der Kapelle. Dann führt der Weg während längerer Zeit durch den Wald. Hier tobt sich der Glenner (Glogn) in einer schmalen Schlucht aus. Das Ufer ist an beiden Seiten felsig und unzugänglich. Es folgt eine sonnendurchflutete Passage, bis sich der Weg hinunter nach Surcasti senkt. Bei der Burg steht die dem heiligen Lorenz geweihte mittelalterliche Wehrkirche Sogn Luregn mit ihrem stillen, auf einem Felssporn spitz zulaufenden Friedhof. Es lohnt sich, hier ein wenig die Stille zu geniessen. Nach der zweiten Glenner-Überquerung unterhalb der Burg führt der Weg steil bergauf nach Degen, auf dessen Boden das Open Air Val Lumnezia stattfindet. Am Zielort Vella fällt das Schloss de Mont auf; es stammt aus dem 17. Jahrhundert.

ANREISE Von Ilanz mit dem Postauto nach Vrin

RÜCKREISE Postauto von Vella nach Ilanz oder zurück nach Vrin

WANDERZEIT 4 Std. 30 Min.

HÖHENDIFFERENZ 600 m Aufstieg, 800 m Abstieg

SCHWIERIGKEIT Mittel

KARTEN Landeskarte 1:25 000, 1214 Ilanz, 1234 Vals

ESSEN UND UNTERKUNFT Geniesser- und Kuschelhotel Usteria Casa da Luzi, Surcasti: Telefon 081 931 10 10, www.rovanada.ch/de/casa-da-luzi. Umgebauter Stall in 400-jährigem Walserhaus. Die aussergewöhnliche Küche macht aus lokalen Produkten kulinarische Kunstwerke.

INFORMATIONEN Surselva Tourismus, Info Val Lumnezia: Telefon 081 931 18 58, www.surselva.info/vallumnezia

Die Hochebene der Greina war früher eine Pferde- und Schafalp. Nach den Wirren um den verhinderten Bau eines Stausees ist es hier ruhig geworden – ausser an schönen Wandertagen; dann sind die Touristen hier scharenweise unterwegs.

Heimat haben: Die seltenen Stein- und Schneehühner gehören genauso dazu wie der Steinadler.

Oberhalb des Stausees fliesst der Rein da Sumvitg in einem breiten Flussbett; kleine Auenwälder mit Wassertümpeln bilden sich. Im Winter ist es hier auf gut 1300 Metern über Meer klirrend kalt, doch im Sommer blüht das Leben, als wäre man in einem tropischen Wald. Das Wasser gräbt sich kleine Furchen in den Waldboden, durch die sich das Wasser schlängelt. Die vielen murmelnden Rinnsale vereinigen sich zu kleinen gurgelnden Bächen, die wiederum in den Rein da Sumvitg fliessen, der dann in bedrohlicherer Tonlage auf seine Wassermassen aufmerksam macht. Zwischen Birkenblättern und Föhrennadeln schimmert das tiefe Blau des sommerlichen Berghimmels in den Abendstunden. Plötzlich tauchen sandige Stellen auf, der Boden wird trocken, Bergföhren und Farne wachsen. Auch Rinder scheinen sich hier wohlzufühlen. Auf ihre temporäre Anwesenheit weisen zumindest Kuhfladen hin; offensichtlich wird auf der nahe gelegenen Alp Tenigia noch Viehwirtschaft betrieben. Nach dem Auenwald führt der Weg durch Weidegebiet, dann über eine Brücke und schliesslich auf der rechten Talseite flussaufwärts weiter. Schmetterlinge tanzen über den stellenweise feuchten Weg. Die vielen kleinen Wiesenbäche weisen auf eine schneereiche Quelle hin. Das bestätigt auch ein Blick in die Flanken des Lavaz-Gletschers. Wasser liefern auch der Valdraus-Gletscher und die Schneefelder des über 3000 Meter hohen Piz Greina. Himbeeren, Brennnesseln, Sumpfdotterblumen, Weisstannen und Föhren begleiten die Wanderer. Dann wechselt die Vegetation, es dominieren Thymian, Moose und Bergflechten. Es ist ein Ort, in dem sich auch die eingewanderten Luchse wohlfühlen.

Dies alles hätte zu einem Nationalpark werden können. Doch die Bevölkerung verzichtete auf die Chance, mit dem Nationalpark-Gütesiegel die Wertschöpfung eigener Produkte zu verbessern. Solange aber kein Ausbau der Energieproduktion droht, bleibt die Welt rund um die Greina in jenem Gleichgewicht, das sich jetzt eingestellt hat. Die sagenumwobene Welt der Schafhirten hat sich verändert. Untergegangen ist sie aber nicht. Und wer weiss: Vielleicht kommt eines Tages wieder ein Bär ins Val Sumvitg, den die Jäger schiessen – um dann festzustellen, dass es eine verwandelte Hexe war. So jedenfalls erzählt es eine alte Sage. (MA)

BOLLE DI MAGADINO

Ein Hauch von Tropen in der Schweiz

Der Ticino und die Verzasca fliessen am nördlichen Ufer in den Lago Maggiore. Gemeinsam bilden sie ein Delta, das als Bolle di Magadino internationalen Schutz geniesst. Den Besucher erwartet ein Wechselbad zwischen Enttäuschung über Verlorenes und der Freude über das noch Vorhandene – und das neu Entstehende.

Die Bolle di Magadino sind ein Vogelparadies von europäischer Bedeutung und stehen als Smaragd-Gebiet auch unter dem Schutz der eurapaweit geltenden Berner Konvention. Dort, wo die Verzasca und der Ticino in den Lago Maggiore münden, breiten sich Sumpfgebiete und Auenwälder mit vielen Trauerweiden, Pappeln und Grau-Erlen aus. Es ist kein grosses Gebiet, um das es hier geht. Es ist von der Zivilisation umgeben, also kein unberührter Naturraum, was sich auch daran zeigt, dass hier Brombeeren wuchern, und Neophyten wie Springkraut oder Schmetterlingsflieder sich ausbreiten, genauso wie eine amerikanische Schildkrötenart, um nur ein paar Beispiele zu nennen. All diese Arten sind hier nicht heimisch, haben sich aber zu einem festen Bestandteil dieser Natur im Süden der Schweiz entwickelt.

Mittendrin in dieser Naturlandschaft liegt auch der kleine Flugplatz von Locarno. An schönen Sonntagen knattert alle paar Minuten ein Sportflugzeug tief über die Bolle die Magadino. Oft schweben Fallschirmspringer vom Himmel; von Weitem sehen sie wie exotische Vögel aus. Das stört den Biologen Nicola Patocchi weniger als die Pläne, die Landepiste um hundertachtzig Meter zu verlängern, damit Düsenflugzeuge landen können. «Das würde zu einer starken Zunahme von Kollisionen mit Vögeln führen. Ausgerechnet innerhalb eines Vogelparadieses», sagt Patocchi. Er ist Direktor der auch vom WWF unterstützten Stiftung Bolle di Magadino und hat für diese Ausbaupläne kein Verständnis. «Wir werden dagegen kämpfen!»

Die Chancen sind intakt. Noch vor wenigen Jahren wollte die Gemeinde Gordola ihr Industriegebiet in Richtung Bolle ausdehnen, wurde aber nach Einsprachen auch der Umweltverbände vor Gericht gestoppt. Und auch der Kiesabbau wurde nach mehreren Interventionen der Naturschützer beendet. Die Episoden zeigen: Wirtschaftliche Interessen führen immer wieder zu Versuchen, das Naturgebiet zu verkleinern oder es permanent zu stören. Beispiele gibt es leider mehr als

genug: Eine Schnellstrasse, eine Go-Kart-Piste, Rinder- und Pferdeherden sowie intensiver Gemüseanbau, viele Campingplätze und zahlreiche Sportanlagen stören die Ruhe im Bolle di Magadino.

Vor allem für die Vogelwelt ist das Mündungsgebiet von herausragender Bedeutung. Deshalb ist sein Erhalt sowohl national als auch im Rahmen internationaler Verpflichtungen wie der Ramsar-Konvention zum Schutz von Feuchtgebieten gewährleistet, von denen es in der Schweiz nur elf gibt. Zudem ist die Magadinoebene vom Europarat als Auengebiet von europäischer Bedeutung eingestuft worden. Auch der Schweizer Vogelschutz «BirdLife» sieht in dem Gebiet eine «Important Bird Area», ein Vogelschutzgebiet von grösster Bedeutung.

Für mindestens zweihundert Zugvogelarten ist das nördliche Ufer des Lago Maggiore der letzte Rastplatz im Frühjahr, bevor sie den schwierigen Flug über die Alpen wagen, um in ihre nördlichen Brutgebiete zu gelangen. Für weitere sechzig teilweise bedrohte Vogelarten sind die Bolle di Magadino ständiger Lebensraum. Darunter der Drosselsänger, der Flussuferläufer, die Zwergrohrdommel, die Rohrammer, die Moorente, der Steinkauz und der Eisvogel. Zudem sind die Bolle auch ein Paradies für zahlreiche Frosch- und Amphibienarten. Dazu gehören etwa der Italienische Laubfrosch und der Alpen-Kammmolch. Dieser Molch ist eine vom Aussterben bedrohte Amphibienart, die wie ein kleines Tier aus der Urzeit aussieht. Sie ist nur noch in Teilen des Kantons Tessin zu finden. Auch Säugetiere siedeln hier, beispielsweise die selten gewordene Wasserfledermaus. Sie ernährt sich von den zahlreich vorhandenen Insekten, aber alle Stechmücken verspeist sie leider nicht. Für Besuche lohnt sich deshalb ein gutes Mückenschutzmittel.

Die Bolle werden von einigen Entwässerungsgräben durchzogen. Sie verhindern, dass sich hier ein grosser Auenwald bildet. So steht ein grosser Teil der Bäume im Trockenen. Deshalb sind im Laubwald auch viele Eichen zu finden. In den tief gelegenen Flächen oder in den Kanälen, wo das Wasser fast steht, wird die Natur im Sommer so üppig, dass sie an einen Dschungel erinnert. Mal schimmert es grün, wenn Seerosen oder Wasserlinsen wachsen, mal rötlich oder gar schwarz, wenn der Grund aufgewühlt wird und sich moorige Erde im Was-

Die Bolle di Magadino sind eine vielfältige Wasse-welt – mal sumpfig und waldig, mal mit offenem Gewässer. Der Weg bietet viele Ausblicke, und an einigen Stellen erlauben Aussichtsplattformen einen noch besseren Blick.

ser löst. Auch seltene Pflanzen spriessen: darunter Rohrkolben oder das Büchsenkraut. Der Star unter den Pflanzen ist aber der Kleefarn, den es schweizweit nur hier und bei Bonfol im Jura gibt. Wenn man sich einem Gewässer nähert, plätschert es rundherum: Die Frösche bringen sich in Sicherheit. Wer Glück hat, sieht Würfelnattern durch das Wasser schlängeln.

Bolle bezieht sich in der italienischen Sprache auf Luftblasen, was ein Hinweis auf Methangas ist, das in Sumpfgebieten manchmal hochsteigt. Und ein Sumpfgebiet erwartet die Besucher tatsächlich. Vierzehn Moorbiotope und zwei Auenwälder gibt es hier; sie bilden zusammen mit dem Mündungsgebiet des Ticino und der Verzasca die Bolle di Magadino. Das Delta der Verzasca, das näher bei Tenero liegt, heisst Bograsso. Das zentral gelegene Gebiet heisst Bolette und ist eher unzugänglich, während das südlich angrenzende Gebiet den Namen Lischedo trägt. Das ist die Bezeichnung für eine sumpfige Wiese, die nur Streu hergibt.

Wo heute Hunderte Tier- und Pflanzenarten auf engem Raum leben, kämpften einst die Menschen gegen manchmal entfesselte Flüsse, gegen Überschwemmungen und Krankheiten wie die Malaria. Das ist vorbei. Heute ist die Magadinoebene für die Landwirtschaft und die Bauindustrie eine begehrte Landfläche. Hier hat es noch Platz, denn die Tessiner bauten früher ihre Dörfer vorsichtshalber in erhöhten Lagen, um den Überschwemmungen und den Myriaden von Mücken zu entkommen. Auch wenn der Häuserbau in den steilen Lagen schwieriger war und die landwirtschaftliche Arbeit im unzugänglichen Gelände eine Plackerei. Es ging nicht anders: Der alte Ticino war ein Fluss, der sehr viel Platz brauchte, führte er doch die Wassermassen des riesigen Einzugsgebietes am Gotthard in den Lago Maggiore. Bis vor hundertdreissig Jahren prägte der nicht eingedämmte Fluss die Landschaft zwischen Bellinzona und Locarno. Hinzu kam die wilde Verzasca, die nur wenige hundert Meter nördlich des Ticino in den Lago Maggiore mündete. Zusammen bildeten sie eine Schwemmebene, wie man sie heute nur noch im Ausland antrifft.

Doch damit war vor etwa hundert Jahren Schluss: Der Fluss wurde eingedämmt, und neues Landwirtschaftsland gewonnen. Heute prägen unzählige Treib-

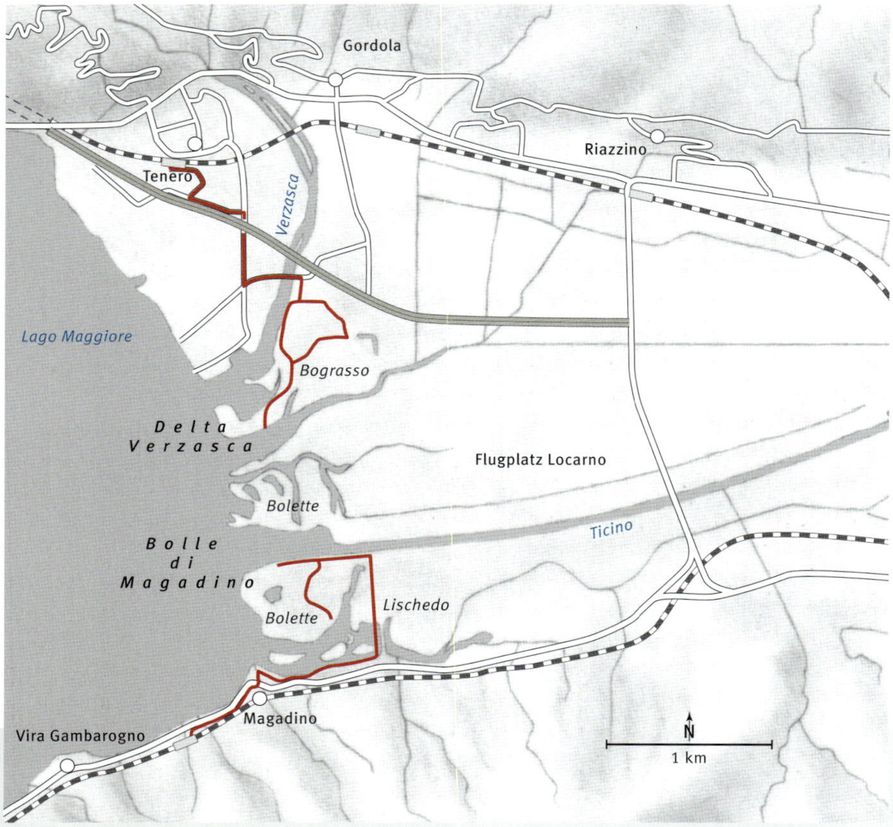

Zwischen der Verzasca- und der Ticino-Mündung hat sich eine eigene Welt mit zahlreichen Weihern entwickelt. Die abwechslungsreiche Wasserlandschaft bietet unzähligen Tier- und Pflanzenarten einen Lebensraum. 171 Vogelarten wurden gezählt, 75 brüten hier.

IN DEN MÜNDUNGSGEBIETEN DER VERCASCA UND DES TICINO

Es gibt zwei empfehlenswerte Wanderungen. Sie dauern nicht lange, geben aber einen schönen Einblick in das Naturleben in den Bolle di Magadino. Zudem gibt es viele Informationstafeln, die einen Überblick über Flora und Fauna in den Bolle vermitteln.
Wer sich eher für das Delta der Verzasca interessiert, wählt den Rundwanderweg, der an der Schnellstrasse nahe beim Flugfeld beginnt. Da es mit dem öffentlichen Verkehr etwas kompliziert zu erreichen ist, empfiehlt sich die Entdeckung des Deltas auf zwei Rädern. Man folgt dem Wanderweg vom Bahnhof Tenero aus Richtung See. Der Weg verlässt den Bahnhof am Kopfende Richtung Bellinzona im rechten Winkel und folgt einem Sportfeld, bis zur Autobahn. Hier links abbiegen. Dieser Strasse etwa zweihundert Meter in östlicher Richtung folgen bis zu einem Kreisel. Hier wird die Autobahn unterquert. Am Ende eines Fussballplatzes zweigt der Weg links ab und überquert die Verzasca. Kurz danach beginnt der Wanderweg an der Verzasca. Am Endpunkt, also an der Mündung, kann man in Richtung der völlig geschützten Bollette blicken. Auf dem Rundweg gibt es drei spezielle Beobachtungspunkte. Der Weg ist ausgeschildert, verirren kann sich niemand.
Wer sich für das Ticino-Delta interessiert, erkundet das Gebiet am besten von Magadino aus. Dort, auf dem grossen Parkplatz, ist der Bau eines Informationszentrums über die Bolle di Magadino geplant. Diese Wanderung ist empfehlenswert, weil Magadino mit dem öffentlichen Verkehr von Bellinzona aus gut erreichbar ist. Sie führt über einen längeren Damm, der den Canale di Bonifica überquert. Nach gut zwanzig Minuten zweigt der Weg im rechten Winkel Richtung See ab. Auch hier kann sich niemand verirren. Wer Geduld mitbringt, bekommt bei der Aussichtsplattform einige seltene Vögel zu sehen. Beide Wanderungen dauern etwa eineinhalb Stunden. Feuerstellen gibt es nicht. Besucher sollten in der heissen Jahreszeit unbedingt an den Mückenschutz denken.

AN- UND RÜCKREISE Für das Verzasca-Delta: Zug bis Tenero. Für das Ticino-Delta: Zug von Bellinzona nach Cadenazzo, dann mit Bus oder Zug nach Magadino. Magadino kann auch mit dem Schiff von Locarno aus erreicht werden.

WANDERZEITEN Wanderung ab der Schnellstrasse zum Verzasca-Delta: ca. 1 Std.; Wanderung ab Magadino zum Ticino-Delta: ca. 1 Std. 30 Min.

HÖHENDIFFERENZ Keine

SCHWIERIGKEIT Leicht

KARTE Landeskarte 1:25 000, 1313 Bellinzona

UNTERKUNFT Hotel Belvedere, Locarno: Telefon 091 751 03 63, www.belvedere-locarno.com. Schöne Aussicht über den Lago Maggiore, der Bahnhof ist gut erreichbar. Vom Belvedere aus lassen sich alle Tessiner Gewässerperlen gut erreichen.

INFORMATIONEN Fondazione Bolle di Magadino, Magadino: Telefon 091 795 31 15, www.bolledimagadino.com

Die sumpfige Landschaft der Bolle di Magadino mit ihren zahlreichen Tümpeln ist ein Vogel- und Amphibienparadies.

häuser das Gesicht der Magadinoebene. Nicht ohne Folgen: Das Wasser zahlreicher Entwässerungsgräben hat einen viel zu hohen Anteil an Pestiziden, Dünger und anderen Pflanzenschutzmitteln. Dagegen setzen sich der WWF, Pro Natura und andere Umweltorganisationen zur Wehr. Sie fordern eine Umstellung auf biologischen Landbau, um dieses ökologisch sensible Gebiet besser zu schützen. Und sie wollen auch ein Stückchen Natur zurückgewinnen: Dort, wo Ticino und Verzasca in einem engen Korsett fliessen, sollen die Uferverbauungen punktuell wieder aufgebrochen werden, sodass die Gewässer kontrolliert neue Räume überfluten können. Kontrolliert ist wichtig, denn der Pegelunterschied zwischen extremem Niedrigwasser und Hochwasser kann bis zu fünf Meter betragen. Wenn es im Einzugsgebiet des Ticino massiv regnet, kann der Pegelstand sogar während einer Nacht um eineinhalb Meter ansteigen – was auch daran liegt, dass es an den Ufern kaum mehr Auen gibt, die Wasser absorbieren könnten.

Die Dynamik des Flusssystems wurde zudem während Jahrzehnten durch Kies- und Steinentnahmen im Mündungsgebiet behindert. Im grossen Stil geschah dies für den Autobahnbau. Die Kiesentnahme im Delta wurde erst vor wenigen Jahren gestoppt. Noch immer ist der Ticino damit beschäftigt, die grossen Löcher im Flussbett aufzufüllen. Erst wenn sie geschlossen sind, kann Kies und Schotter wieder ins Mündungsgebiet geschoben werden und dort neue Inseln bilden und das Delta wieder vergrössern.

Dem Vorrücken des Deltas in den See hinaus folgt als ebenfalls natürlicher Prozess die Verlandung des Gebietes im Rücken. Diesen Prozess weiterzuführen, ist das Ziel von Delta Vivo, dem zentralen Projekt der Fondazione Bolle di Magadino. Bereits 2010 wurde eine Insel im Ticino-Delta aufgeschüttet, welche die Flussdynamik verbessert. Nun kann sich hier Kies wieder besser ablagern. Aber nicht alle wollen mehr Natur. Immer wieder werden Projekte wie der Ausbau der Schnellstrasse und des Flughafens aufgelegt. Zudem droht neues Ungemach. «Italien betreibt am See-Ende ein Abflussregime. Die mittlere Pegelhöhe ist definiert und in einem Staatsvertrag geregelt. Italien möchte den Pegelstand im Frühsommer erhöhen. Einerseits für die Stromproduktion, andererseits für die Landwirtschaft»,

erklärt Nicola Patocchi. Dies würde die Dynamik auch in den Bolle di Magadino wieder abbremsen.

Im Zustandsbericht der Fliessgewässer, den das Bundesamt für Umwelt publizierte, steht folgendes über die vielen Jahre, in denen in der Schweiz Flüsse verbaut wurden: «Dadurch können sie [die Fliessgewässer] viele ihrer natürlichen Funktionen nicht mehr erfüllen. Lebensräume im und ums Wasser verarmten, und das Landschaftsbild wurde monotoner.» Das führte zwangsläufig zu einem Rückgang der Biodiversität. Alleine schon, um eine weitere Verarmung dieser artenreichen Landschaften zu verhindern, engagieren sich Pro Natura, WWF und andere Umweltorganisationen. Und auch Besucher sind hin- und hergerissen zwischen der Enttäuschung über Verlorenes und der Freude über das noch Vorhandene und das neu Entstehende.

Bereits jetzt haben sich in den Bolle neue Nischen gebildet, die zur Stabilisierung der Tier- und Pflanzenbestände beitragen, und mit etwas Glück können dort sogar neue Arten siedeln. Die vielen kleinen Habitate sind in diesem exponierten Schutzgebiet zwischen dem klimatisch schwierigen Alpenraum und der hochindustrialisierten Poebene vor allem für die Vogelwelt von unschätzbarem Wert. Aber auch für die Menschen. Etwa für die Biologin Martina Spinelli: «Für mich sind die Bolle eine kräftigende Oase der Ruhe, die mich von der Arbeit entschleunigt. Und wenn ein zarter Nebel über dem Wasser liegt, sich Tau in den Entenfedern bildet und die Sonne aufsteigt oder untergeht, werden die Bolle für mich zu einem mystischen Ort.» (MA)

VERZASCA

Ein Farbenwunder aus Wasser und Stein

Sie ist berühmt für ihre leuchtend blauen und grünen Wassertöne. Jedes Jahr zieht die Verzasca mehr Touristen an. Besonders in heissen Sommern ist der Andrang gross. Zu Recht.

Es ist wild, berühmt und berüchtigt. Ein Tal, das einem das Herz aufgehen lässt, ein Tal, das mit seiner Schönheit Tränen hervorbringen kann. Besonders wenn die über 2500 Meter hohen Cima di Cagnói und Madom Gröss einen Schneekranz tragen und Wolken die Flanken bedecken. Dann wirkt der schlanke, hohe Kirchturm des auf 900 Meter über Meer liegenden Sonogno fast ein wenig so, wie wenn es David gegen Goliath aufnehmen würde. Berge sind imposant, besonders wenn die Dörfer an den Hängen die bescheidenen Proportionen menschlicher Baukunst offenbaren. Sonogno ist pittoresk, und es wird fast ein wenig umschlossen von den beiden Gewässerperlen Redòrta und Verzasca, die südlich der Ortschaft zusammenfliessen. Das Dorfzentrum ist neu gestaltet. Es gibt einige Läden, darunter solche mit Handwerksarbeiten, aber auch Restaurants. Viele Steinhäuser sind renoviert und dienen heute als Ferienwohnung. Neben der Kirche steht der grosse Steinofen, der einst der ganzen Gemeinde gedient hat. Lange war er nicht mehr in Betrieb. Jetzt wird hier wieder Brot gebacken. Die Mauern selbst des Nachbarhauses sind russschwarz. Unterhalb der Kirche führt der Weg in Richtung Redòrta.

Sonogno ist ein guter Ausgangspunkt für verschiedene Wanderrouten, darunter auch jener der Verzasca entlang. Die Wanderung beginnt hinter dem Eishockeyfeld, führt über eine Brücke und dann dem Fluss Redòrta entlang, der bei Schneeschmelze und nach Gewittern schon hier beängstigende Dimensionen annehmen kann. Der Fluss entwässert das Gebiet um die Corona di Redòrta und den Monte Zucchero. Aber jetzt ist es heiss, und der Weg führt zuerst dem ausgetrockneten Flussbett entlang. Am Ufer wachsen Birken und andere Laubbäume. Weiter oben am Berg färben sich im Herbst die Lärchen. Das Flussbett ist breit genug, um Pflanzen Raum zu geben, sich auf kleinen Inselchen

In einem abgelegenen Seitental den Lebensunterhalt zu verdienen, war schon immer schwierig. Heute stehen ganze Weiler leer oder werden für Touristen hergerichtet.

Wasser von allen Seiten: Nicht nur die Verzasca, sondern auch die zahlreichen Zuflüsse sind Gewässerperlen.

anzusetzen. Schon kurz nach Sonogno mündet die Redòrta in die Verzasca, und von hier an gibt es auch in der trockenen Jahreszeit Wasser zu sehen. Zum Quellgebiet der Verzasca gehören mehrere kleine Zuflüsse und auch ein alpiner See, der Lago di Porchieirsc auf fast 2200 Metern über Meer, wo noch Bergmolche heimisch sind. Im Quellgebiet der Verzasca gibt es auf fast 2400 Meter Höhe noch einen anderen See, den Lago Barone. Sein Abfluss ist zugeschüttet, aber neunzig Meter tiefer unten treten mehrere kleine Quellen aus dem Steilhang hervor – das Wasser des weiter oben liegenden Bergsees.

An Wasser hat es im Tal nie gemangelt, dafür aber an fruchtbarem Boden. Das Verzascatal unweit von Locarno war schon immer gleichermassen schön wie ungeeignet, seine Bewohner zu ernähren. Doch das war ursprünglich auch nicht geplant. Das Val Verzasca war vielmehr ein Maiensäss, ein Ausweichtal, in das im Sommer das Vieh aus der Magadinoebene getrieben wurde. Die Besiedlung begann erst um 1000 nach Christus. Anfänglich gehörte das Tal den Herren von Locarno, dann geriet das Tal unter die Kontrolle der Eidgenossen, der Savoyer, Leventiner und der Rusca – in abwechselnder Reihenfolge. Im 17. Jahrhundert konnte sich die Gemeinschaft dann von den Vögten befreien und wurde nochmals hundert Jahre später eine eigene Verwaltungseinheit.

Das Leben hier war nicht härter als in der Magadinoebene, wo Malaria grassierte und sowohl der Ticino wie auch die Verzasca regelmässig über die Ufer traten. Sowohl in der Ebene wie im Tal oben reichte es nicht für alle zum Leben; viele Tessiner mussten auswandern. Für die meisten war Amerika das Ziel ihrer Träume für eine bessere Zukunft. Deshalb können viele alteingesessene Bewohner des Verzascatals Geschichten über Verwandte in den USA erzählen. Bitter wurde die Situation auch zwischen den beiden Weltkriegen nochmals. Damals wurde das «Comitato per i lavori casalinghi a domicilio» gegründet, ein Verein zur Förderung der Heimarbeit. Daraus entwickelte sich «Pro Verzasca», eine Vereinigung, die sich dem Erhalt und der kulturellen Entwicklung des Tales widmet. Heimarbeit gibt es auch heute noch. Die Handarbeiterinnen und Handwerker verwenden für ihre Spinnerei-, Strickerei- und Holzarbeiten

noch immer natürliche Farben aus Blättern, Wurzeln und Früchten. Inzwischen ist dank der Unterstützung der Bergbauern und einer ausgebauten Strasse die Auswanderung zum Stillstand gekommen. Dank der neuen Strasse können die Leute aus dem Tal jetzt auch in Locarno arbeiten.

Und kommen auf der Fahrt auch am beeindruckenden, 1965 fertiggestellten Staudamm vorbei. Er ist 220 Meter hoch und diente beim James-Bond-Film «Goldeneye» sogar als Filmkulisse. Der Staudamm veränderte das Tal. Zwar gibt es durch die Stromgewinnung Einnahmen, aber auch neue Abhängigkeiten. Es kann durchaus sein, dass die Verzasca längerfristig mehr Strom liefern soll. In Brione, einer Gemeinde in der Talmitte, hat man es bereits versucht. Dort kämpften der WWF und andere Umweltverbände gegen den geplanten Bau eines Kleinkraftwerkes. Ihr Standpunkt: Das Wasser der Verzasca wird bereits genügend genutzt. Dieser Ansicht war 2012 auch das Kantonsgericht, das die Pläne als unvereinbar mit dem ganzheitlichen Schutz des Tales und des Flusses bezeichnete. Doch Franceso Maggi, verantwortlich für Wasserfragen beim WWF Tessin, traut der Ruhe noch nicht: «Je nach Verordnung der Energiestrategie 2050 könnten solche Projekte wieder aktuell werden. Jedenfalls bleiben wir aufmerksam.»

Es beruhigt, wenn man dem sprudelnden Wasser entlangwandert, die wechselnden Grüntöne bewundert und dann auf den herrlich abgeschliffenen Steinen irgendwo Platz nimmt. So kurios es klingt: Erst bei niedrigem Wasserstand lässt sich erahnen, mit welcher Kraft die Verzasca die Landschaft formt. Während sie bei hohem Wasserstand bis zu 600 Kubikmeter Wasser pro Sekunde führt, können es in der Trockenzeit nur 12 Kubikmeter sein. Mächtige Steine türmen sich zu grossen Haufen auf, als würde der Fluss hier mit Bauklötzen spielen.

Zwar gibt es in Ufernähe Bauernbetriebe, es ist aber eine Landwirtschaft, die den Besonderheiten dieses Tales Rechnung trägt. Wo es nicht so steil ist, haben die kleinen Zuflüsse zur Verzasca etwas mehr Platz und schlängeln sich durch die Wiesen. Auch sie sind echte Gewässerperlen, und nicht nur die Versasca allein. Als Wanderer kann man über einige Kilometer einen schö-

Das Wasser ist im Verzascatal nicht nur das Lebenselixier, es ist auch flüssiges Gold. Wassermenge und Gefälle sind ideal für die Stromproduktion. Die 1965 erbaute Talsperre staut das Wasser zum Lago di Vogorno auf. Doch zuvor ist die Verzasca ein ausserordentlich attraktiver Fluss.

nen Kontrast erleben: Während auf der rechten Seite kleine Bäche gemütlich einen Weg durch die Wiesen suchen, fliesst auf der linken Seite die Verzasca mit viel Zug dem Lago Maggiore entgegen. Das Bachbett ist manchmal halb zugewachsen, und überhängende Bäume bilden Tunnels. Mit etwas Glück kann man hier noch Feuersalamander oder Ringelnattern sehen. Doch irgendwann verengt sich das Tal, das Gefälle wird stärker, und die Wege der vielen Bäche aus den Seitentälern führen alle in die Verzasca. Unzählige Wasserfälle stürzen in die Tiefe. Berühmt ist die Verzasca für ihre kunstvollen Auswaschungen der Gesteine, die kein Bildhauer trefflicher nachahmen könnte. Doch die Idylle trügt: Für Badende ist und bleibt der Fluss gefährlich.

Von den steilen Hängen schauen Rustici talwärts, mit weissen Umrandungen an den Fenstern und Steinplattendächern. In den acht Dörfern des Tals leben immerhin noch gut 3000 Menschen. Es hat eine Länge von 25 Kilometern und erstreckt sich in Süd-Nord-Richtung von 500 bis 900 Meter über Meer. Aufgrund der unterschiedlichen Höhenlagen gibt es im Tal verschiedene Klimazonen. Tenero in der Magadinoebene geniesst ein geradezu mediterranes Klima. Hier gedeihen Weinreben und Feigen. Regenfälle sind vor allem im Sommer kurz und heftig. Mit zunehmender Höhe ändert sich das Klima. Das und die Unterschiede in der Bodenbeschaffenheit führen dazu, dass man im Tal fast alle im Tessin vorkommenden Tier- und Pflanzenarten antreffen kann. Das Tal geniesst deshalb den Schutz als Kulturlandschaft von nationaler Bedeutung.

Unten im Tal dominiert die Edelkastanie – sie spielte in der Ernährung der Tessiner lange eine besondere Rolle. Die Frucht war das traditionelle Brot der Armen. Und das Holz dient für den Häuserbau. Die Tessiner nutzen dafür den Stockausschlag der Kastanienbäume. Dies sind Triebe, die aus dem Baumstumpf wachsen und nach etwa zehn Jahren wieder fällreif sind. Lange wurden die Kastanienhaine vernachlässigt, doch mittlerweile werden einige von ihnen wieder gepflegt. Auch Kastanienmehl und -honig finden neue Anhänger.

Die wirtschaftliche Lage im Tal ist trotzdem schwierig. Wer sein Geld nicht mit dem Tourismus verdient, hat Mühe, ein Auskommen zu finden. Das gilt vor allem auch für Junge, die meist nach Locarno zur Arbeit fahren müssen. Zwischen Sonogno und Brione liegt links in Flussrichtung und nördlich von Alnasca ein namenloser Weiler. Er verfügt sogar noch über einen intakt scheinenden Ofen und einen Brunnen mit fliessendem Wasser. Doch sonst ist es ein Geisterdorf. Mehrere Häuser sind einsturzgefährdet. Darauf werden auch die Wanderer hingewiesen. Zwar gibt es eine neue Brücke, doch für diesen Weiler scheint es zu spät. Eine Alternative präsentiert sich nur wenige hundert Meter später in einem anderen Weiler, Alnasca: Ein Kiosk, Gartenzäune, akkurate Blumentöpfe und Schweizer Fahnen zeigen,

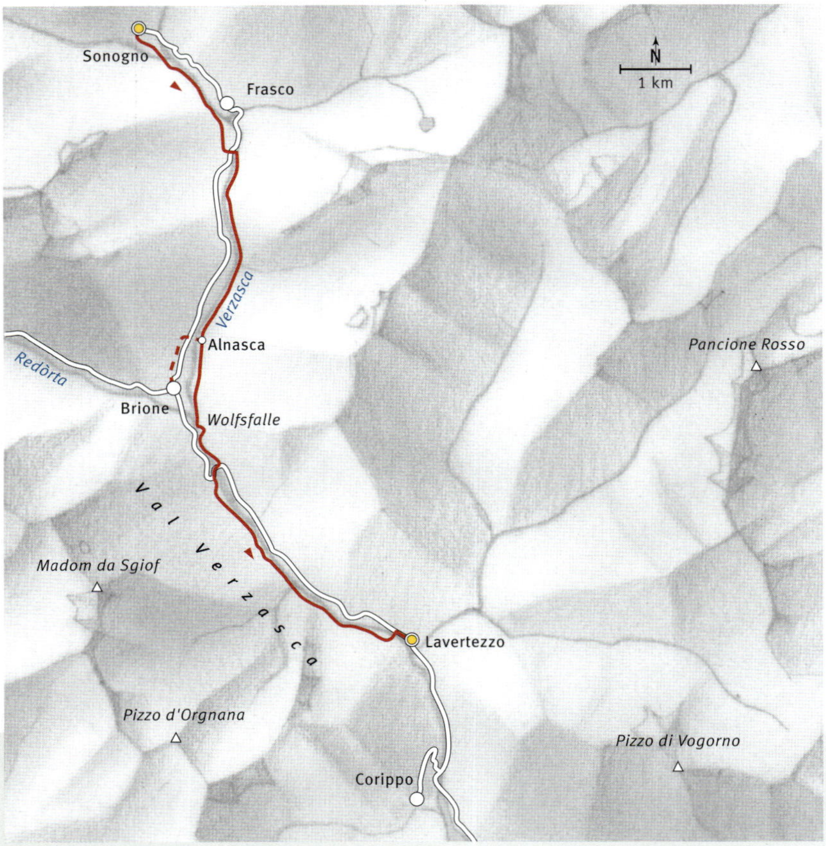

WASSER, FELS, GROTTI – ERFRISCHENDE WANDERUNG DURCHS VAL VERZASCA

Der Weg von Sonogno nach Lavertezzo führt immer der Verzasca entlang, die auch im Sommer angenehm kühlt. Die Kühle kommt vom Wasser, und ein Bad braucht selbst im Sommer etwas Überwindung. Es ist eine leichte Wanderung, exponierte Stellen sind gut gesichert. Man durchwandert ein Stück ursprüngliches Bergtessin. An verschiedenen Orten laden Grotti zum Verweilen ein. Während man zuerst auf der rechten Seite in Fliessrichtung wandert, wechselt man noch auf dem Gemeindegebiet von Frasco die Seite. Auf der gegenüberliegenden Seite von Brione, gleich bei der Verzasca, lässt sich eine Wolfsfalle bestaunen. Alleine im Tessin wurden im 19. Jahrhundert über 240 Wölfe erlegt, der letzte wurde 1908 getötet. Die Wolfsfalle entstand vermutlich bereits im Mittelalter. Sie erinnert an eine Zisterne. Um die Wölfe anzulocken, warfen die Bauern einen lebenden Köder hinein, meist ein Zicklein, das die Wölfe dann mit seinem Meckern anlockte. Wenn das Raubtier hineinfiel, war es gefangen. Seit 2001 durchstreifen wieder Wölfe das Tessin. Etwa zwei Kilometer nach Brione überquert der Weg die Verzasca erneut und führt wieder in Flussrichtung rechts der Verzasca entlang. Vor Lavertezzo sieht man je nach Jahreszeit auf der gegenüberliegenden Seite viele parkierte Autos und schliesslich die Römerbrücke. An heissen Tagen kann es hier durchaus schwierig sein, ein Plätzchen zu finden, um einen wohlverdienten Sprung ins kühle Nass zu wagen. Wem es hier zu eng ist, findet an anderer Stelle weitere Möglichkeiten, um die Sonne auf den Steinen zu geniessen und sich im Wasser abzukühlen. Achtung: Vor allem Touristen neigen dazu, die Verzasca zu unterschätzen. Die manchmal eisigen Wassertemperaturen, rutschige Steine und gefährliche Strömungen führen praktisch jedes Jahr zu Todesfällen.

ANREISE Von Locarno oder Tenero aus fahren fast stündlich Postautos nach Sonogno.

RÜCKREISE Postauto ab Lavertezzo nach Locarno oder Tenero

WANDERZEIT 4 Std.

HÖHENDIFFERENZ 250 m Aufstieg, 650 m Abstieg

SCHWIERIGKEIT Mittel

KARTEN Landeskarte 1:25 000, 1272 Pizzo Campo Tencia, 1292 Maggia, 1293 Osogna

UNTERKUNFT Campagna Familienhotel, Frasco: Telefon 091 746 11 46, www.albergocampagna.ch. Schönes, zweckmässiges Familienhotel, das der einheimischen Bevölkerung gleichzeitig als Notunterkunft dient. Das Dorf Frasco ist bei grossen Schneemengen lawinengefährdet.

ESSEN Hotel Pizzo Vogorno, Vogorno: Telefon 091 745 12 56, www.pizzovogorno.ch. Tessiner Spezialitäten. Empfehlenswert sind aber auch die frischen Forellen.

VARIANTE Wem die Wanderung zu lang ist, kann beim Weiler Alnasca die Verzasca überqueren und nach Brione wandern. Dort gibt es Anschluss an den öffentlichen Verkehr. Etwa 1 Std. 30 Min. kürzer.

INFORMATIONEN Ascona Locarno Turismo, Tenero: Telefon 0848 091 091, www.tenero-tourism.ch

Im Namen Verzasca steckt das italienische Wort für grün, «verde». Und dies trifft auf die Verzasca auch zu: Sie leuchtet in allen Grün- und Blautönen.

wie die Zukunft als Feriensiedlung aussehen könnte. Hier wird man nicht selten mit einem «Grüezi» angesprochen. Italienisch scheint zur Sprache einer Minderheit geworden zu sein.

Oberhalb des Stausees liegt wie ein Adlerhorst die Siedlung Corippo. Die kleinste Gemeinde der Schweiz steht komplett unter Denkmalschutz. Ein neues Projekt könnte den Weg weisen, wie es ein Dorf in einem abgelegenen Tal schaffen kann, Kultur- und Naturschutz unter einen Hut zu bringen und den Jungen gleichzeitig eine Zukunftsperspektive zu eröffnen. Corippo soll zu einem Dorfhotel werden, einer «Albergo diffuso» mit einem zentralen Haus, das als Restaurant und Rezeption dient, und verschiedenen Rustici, die die Funktion als Gästeunterkünfte übernehmen. Das Hotel würde selbstverständlich lokale Produkte verwenden und vertreiben. Die Wiederbelebung alter bäuerlicher Traditionen wäre eine touristische Attraktion.

Doch eigentlich mangelt es dem Tal daran nicht. Besonders Lavertezzo mit seiner doppelbögigen Römerbrücke «Ponte dei salti» ist zu einem besonderen Reisetipp in Italien geworden, seit vier Jugendliche das Tal als die «Malediven von Mailand» bezeichneten, dessen kristallklares Wasser jeden Besucher in Verzückung versetze. Der Kurzfilm löste im Tessin eine Kontroverse aus. Einerseits suggeriert der Titel, Verzasca liege nahe bei Mailand, was nicht ganz stimmt, und andererseits kamen zeitweise sogar zu viele Touristen, mit allen damit verbundenen Problemen.

An schönen Tagen wechselt das Wasser je nach Lichteinfall zwischen himmel-, wasser- und türkisblau, in Waldnähe ist es manchmal auch türkis- und opalgrün. Der Name Verzasca kommt von «grünes Wasser». Dabei reflektiert es nur den Himmel und den Wald – und das alles vor dem Hintergrund der weissen Steine, die sich herrlich aufwärmen und dazu einladen, sich eine Weile hinzulegen. Der Andrang in den Sommermonaten ist gross. Daran ändern auch die gebührenpflichtigen Parkplätze im ganzen Tal nichts. Die Begeisterung ist berechtigt, und dem, was ein Italiener vor den laufenden Fernsehkameras seines Heimatlandes sagte, ist nichts mehr hinzuzufügen: «Hier zu baden ist ganz speziell. Ich wünsche allen, dass sie diese Erfahrung machen können.» (MA)

FIUME CALNÈGIA

Weise ist, hier alles so zu lassen

Das Val Calnègia ist ein relativ unbekanntes Seitental des Val Bavona. Die schönen Weiler und eine besondere Gewässerperle mit spektakulärem Wasserfall üben einen besonderen Reiz aus. Wer das Tal kennt, kommt zurück.

Viele nennen ihn den Niagarafall des Tessins, andere einen Ort der Energie. Der Wasserfall von Foroglio zieht die Besucher magisch an. Ihre Handys und Kameras zielen auf das tosende und stiebende Wasser. Touristen sind im Bavonatal willkommen. Ausser mit dem Tourismus ist hier nicht viel zu verdienen. Aber diese Einnahmequelle fliesst fast nur im Sommer. Im Winter ist dieses Seitental des Maggiatals praktisch unbewohnt.

Die Besucher kommen der pittoresken Steinhäuser, der attraktiven Wanderungen und natürlich des Wasserfalls wegen – zumindest im Kanton Tessin gibt es nichts Vergleichbares. Das Wasser fällt aus über achtzig Meter Höhe und schlägt mit so ungeheurer Wucht auf die geschliffenen Rücken der mächtigen Felsbrocken im Flussbett, dass sich hohe Gischtwolken bilden und wie Nebelschwaden davonziehen. Das Wasser stammt aus dem noch abgelegeneren Val Calnègia. Um es überhaupt zu erreichen, muss man den Wanderweg Richtung Calnègia einschlagen. Foroglio selber bietet die letzte Gelegenheit, einzukaufen oder sich zu stärken, denn im Hochtal oben gibt es kein Restaurant.

Der Aufstieg zum Weiler Puntid ist steil, rund zweihundert Höhenmeter müssen überwunden werden. Teilweise wurden Treppen in die Felsen geschlagen. Auf halber Höhe nähert sich der Weg wieder dem Wasserfall, und er ist deutlich zu hören. Es ist ein seltsamer und schwer zu beschreibender Klang – ein dumpfes Grollen, fast ein bisschen wie in einer Autowaschanlage. Nur gibt es hier keine synthetischen Bürsten, sondern nur pure Natur. Das Wasser stürzt hier in der Falllinie talwärts und hat wohl immer wieder Kontakt mit der senkrechten Felswand, was den speziellen Ton verursacht. Der Weg ist gut ausgebaut, aber nicht extra für die Touristen, sondern in erster Linie für die Einheimischen. Das Val Calnègia, aber auch das Val Bavona waren

Im Val Calnègia erreichen die Wanderer den Weiler Puntid über eine schöne Steinbrücke. Für viele Menschen ist das Tal ein Kraftort. Andere kommen wegen des Wasserfalls von Foroglio hierher.

Der herrlich sprudelnde Fiume Calnègia bezaubert alle Besucher. Trotz der zahlreichen Zuflüsse versickert das Wasser während der trockenen Jahreszeit im Spätsommer und Herbst oft im Untergrund. Zumindest im oberen Teil des Fiume Calnègia.

und sind Stationen der Transhumanz. Transhumanz ist eine Umschreibung dessen, was man in der Deutschschweiz als Alpwirtschaft bezeichnet. Was speziell ist: Die Standorte müssen wegen Wassermangel immer wieder gewechselt werden. Das Wort bedeutet «auf die Gebirgsweide führen» (nach dem Französischen «transhumer»). Womöglich geht es auf die lateinischen Begriffe «trans» und «humus» zurück, was mit «jenseits der bebauten Erde» übersetzt wird.

Wie nördlich der Alpen nutzten die Hirten bei ihrer halbsesshaften Fernweidewirtschaft verschiedene Höhenstufen. Nur in der kalten Jahreszeit weidete das Vieh nahe beim eigentlichen Wohnort. Während das Vieh im Sommer auf entfernte Weiden getrieben wurde, pflanzten die Bauern in ihrer Gemeinde Getreide, Kartoffeln oder Gemüse an. Zwar wird heute noch Alpwirtschaft betrieben, aber wenn die Hirten mit dem Vieh in die Berge ziehen, dann pflanzen die Bauern nicht mehr Getreide oder Kartoffeln an, sondern gehen unten im Tal oder in Locarno einer anderen Arbeit nach.

Das saisonale Nomadenleben, auch Agropastoralismus genannt, kann aus einem einmaligen Alpaufzug bestehen oder ein Aufzug in mehreren Etappen sein. Hier im Tessin war das Val Bavona selbst die erste Etappe, wohin die Bauern aus dem Maggiatal im Frühling und Herbst zogen. Dort grasten die Rinder, Schafe und Ziegen das eher spärlich vorhandene Futter ab. Denn das Tal ist mit mächtigen Felsbrocken übersät. Manche Steine wurden sogar mit Erde bedeckt, um darauf Getreide oder Gras anzupflanzen. Das hatte auch Vorteile: Die Steine erwärmten sich und förderten das Wachstum. Ausserdem schützte die erhöhte Lage vor hungrigen Ziegen.

Später zogen die Bauern immer weiter ins Tal hinein, oder gleich hoch ins Val Calnègia. Die kleinen, kompakten Dörfer mit ihren geduckten, aus Steinen erbauten Häuschen und Torben – aus Holz gebaute und auf Stelzen und Stein gelegte Lagerhütten für Mais und Getreide – prägen das Landschaftsbild. Diese in eine intakte Natur eingebettete und harmonische Architektur war mit ein Grund, das Val Bavona und seine Seitentäler als erhaltenswerte Landschaft von nationaler Bedeutung unter Bundesschutz zu stellen. Besonders hervorgehoben wurde der historische Weg ins Val Calnègia hin-

ein, der bis heute noch für die Viehwirtschaft genutzt wird.

Der Weiler Puntid mit seiner pittoresken Steinbrücke ist das Eingangstor zum Val Calnègia. Ab hier wird der Weg flacher, das Tal öffnet sich und das Gras ist auch im Frühherbst noch saftig grün. Zwar sind viele der kleinen Steinhäuschen intakt, aber alles wirkt menschenleer. Der Fiume Calnègia sprudelt hier oben munter über die Steine, bevor sich das Wasser hinunterstürzt. Der Fluss ist eine wahre Gewässerperle. In den verschiedensten Blau- und Grüntönen aufscheinend, drückt er dem Tal seinen Stempel auf und erfreut Auge und Ohr.

Während im unteren Bereich viele Kastanien zu sehen sind, dominieren weiter oben Laubbäume: Ahorn, Nussbäume und vor allem Birken. Dazwischen glitzert immer wieder das Wasser der Calnègia, die hier oben viel Platz hat. Immer wieder bilden sich kleine mit Birken bewachsene Inselchen. Neben Wasseramsel, der Bergstelze oder der Aspisviper gibt es hier verschiedene selten gewordene Schmetterlings- und Insektenarten. Wer Glück hat, sieht in höheren Regionen noch den Steinadler kreisen. Dort wachsen farbige Flechten, Wacholder und Alpenrosen.

Weiter unten, im flacheren Tal bei Puntid, sprudelt das Wasser der Calnègia. Zumindest bis in den Frühherbst. Dann können die Wanderer eine Überraschung erleben. Obwohl von allen Seiten grosse Wassermengen ins Tal fliessen, ist nach einer halben Wanderstunde bergwärts plötzlich kein Rauschen mehr zu hören. Es fällt auf, weil das Muhen der Kühe plötzlich überdeutlich hörbar ist und von den Felswänden fast schon ge-

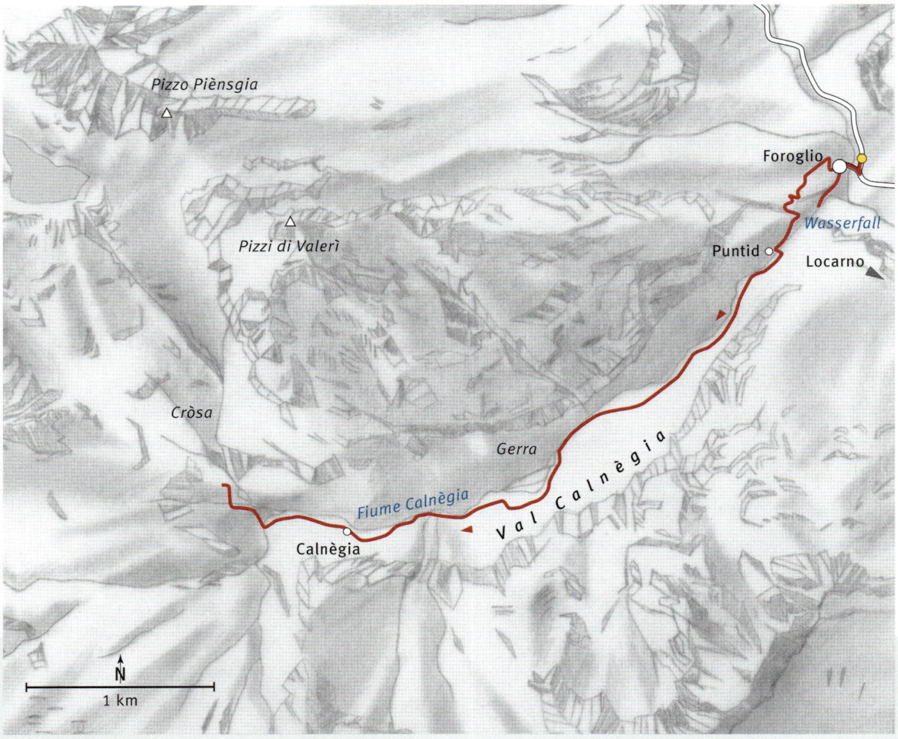

Wer den imposanten Wasserfall von Foroglio sieht (vorangehende Doppelseite), würde nicht denken, dass oberhalb ein lang gestrecktes, relativ sanftes Hochtal liegt, das in Zeiten der Transhumanz intensiv genutzt wurde. Diese Zeiten sind vorbei, doch die Weiler Gerra und Calnègia werden noch genutzt.

IM REICH DER WASSERFÄLLE

Um sich einzustimmen, sollten Wanderer zuerst die zehn Minuten von Foroglio zum Wasserfall auf sich nehmen. Der Aufstieg ins Val Calnègia beginnt aber in der Nähe des Dorfes. Am Anfang geht es eine gute halbe Stunde relativ steil hoch. Der Weg ist gut ausgebaut und gesichert. Teilweise sind Treppen in den Felsen geschlagen. In Puntid wird die Calnègia überquert, dann folgt der Weg sanft ansteigend dem Flusslauf. Nach einer knappen Stunde zeigt sich auf der westlichen Talseite in einer sanften Ebene der Weiler Gerra. Im Sommer, wenn viel Wasser fliesst, bilden sich hier kleine Inseln. Sowohl Gerra als auch das eine halbe Stunde weiter am Flussoberlauf liegende Calnègia sind nicht das ganze Jahr bewohnt. Es gibt im Tal auch kein Restaurant. Es lohnt sich, noch etwa eine halbe Wegstunde weiterzugehen, bis der Wasserfall am Cròsa auf gut 1300 Metern über Meer sichtbar wird. Die Wanderer müssen selber entscheiden, wie lange sie aufwärtsgehen wollen: Es geht auf dem gleichen Weg zurück.

AN- UND RÜCKREISE Von Locarno mit dem Postauto nach Foroglio. Im Winterhalbjahr ist der öffentliche Verkehr eingestellt.

WANDERZEIT 4 Std.

HÖHENDIFFERENZ 650 m Auf- und Abstieg

SCHWIERIGKEIT Mittel

KARTE Landeskarte 1:25 000, 1271 Basòdino

UNTERKUNFT Locanda Turisti, Bignasco: Telefon 091 760 70 28, www.locanda-turisti.com. Stimmungsvolles Hotel am Eingang zum Bavonatal.

ESSEN Ristorante La Froda, Foroglio: Telefon 091 754 11 81, www.lafroda.ch. Das Restaurant liegt nahe beim Wasserfall. Hier wird noch nach alten Tessiner Rezepten gekocht.

INFORMATIONEN Lago Maggiore e Valli, Maggia: Telefon 0848 091 091, www.ascona-locarno.com
Fondazione Valle Bavona, Cavergno: Telefon 091 754 25 50, www.bavona.ch

spenstisch widerhallt. Also schnell zurück zum Ort, wo noch Wasser zu sehen ist: Und tatsächlich, es quillt in einem mehrere Meter breiten Bereich aus dem Boden, als befände sich hier die Quelle. In Wahrheit fliesst es aber über eine längere Strecke unter dem Schotter hindurch und tritt hier wieder aus, weil die Wassermenge in der Trockenzeit nicht ausreicht, das ganze Flussbett zu füllen. Deshalb ist nichts zu hören. Das Quellgebiet der Calnègia liegt viel weiter oben beim Wandfluhhorn (oder Pizzo Bìela) und beim Pizzo Fiorèra auf 2900 Metern über Meer.

Im pittoresken Weiler Gerra bauten die Bewohner ihre Häuschen in den Schutz der mächtigsten Felsblöcke; sie wirken dadurch wie aus der Puppenstube. Man wagt sich nicht auszudenken, was passiert, wenn so ein XXL-Monster von Felsbrocken über den Weiler rollt. Doch ducken sich die Häuschen gerade deswegen unter die talseitigen Wände dieser Felsblöcke: Sie bie-

ten Schutz vor weiteren herunterstürzenden Steinen. Viele grosse Felsbrocken dienen selber als Unterkünfte, als Splüi. Die früheren Bauern untergruben sie und gewannen so Lager- und Wohnraum. Gleichzeitig sparten sie damit sowieso schon knappe Weideflächen für Tiere.

Wo das Wasser wie aus Poren quillt, über Steine und Felsen zu Tal strömt und sich vereinigt mit unzähligen anderen Bächen, da fliesst eine besondere Energie. Davon sind der Holländer Raymond Witvoet und seine fünf Freunde überzeugt. Sie sind extra ins Bavonatal gekommen, um sich während einer Woche zum Thema «Was ist Weisheit?» Gedanken zu machen. Nun stehen sie bei einem mit Steinen ausgelegten Labyrinth auf einer Flussinsel. Das zur Meditation einladende Labyrinth wurde wohl von jemandem gelegt, der aus der Stille des Val Calnègia ebenfalls eine besondere Kraft schöpfte. «Ich war als Kind das erste Mal hier, und seit sechs Jahren komme ich fast jährlich», sagt Raymond Witvoet. «In diesem Tal spüre ich sehr viel positive Energie.» Witvoet hat als Kind noch erlebt, wie die Frauen im Dorfbrunnen die Wäsche von Hand wuschen und wie – zumindest im Sommer – das Bavonatal noch belebt war; damals, als noch Kinder hier spielten und Bauern das Gras mähten. Heute sind sowohl das Bavonatal als auch die Weiler Puntid und Gerra vor allem von Gästen bewohnt, deren Lebenszentrum unten im Maggiatal liegt. Und auch wenn es im Weiler Calnègia am Ende des Talkessels dank schöner Weideplätze noch etwas Landwirtschaft gibt, ist auch hier nicht mehr viel von der althergebrachten Transhumanz zu spüren. Das muss kein Schaden sein: Viele alpine Bewohner verbinden diese Zeit mit Armut, Elend und einem gefährlichen Leben. Wer sie erlebt hat, vermisst sie nicht. Trotzdem ist sie ein Teil der Tessiner Geschichte und der Erhalt ihrer Spuren eine wichtige Aufgabe. Oder wie es Raymond Witvoet sagt: «Wir wissen noch nicht genau, was Weisheit alles beinhaltet. Aber es ist zweifellos weise, dieses Tal mit seinem wunderschönen, natürlichen Fluss und dem spektakulären Wasserfall zu erhalten. Hier Wasser wegzunehmen, wäre eine Dummheit.» (MA)

MEIENREUSS

Das Rauschen ist in Gefahr

Das Meiental auf der Urner Seite der Sustenpassstrasse kämpft gegen das Vergessen. Trotz grosser Anstrengungen der verbliebenen Menschen im Tal gelingt es nicht, den Bevölkerungsschwund zu stoppen. Dafür haben die Energieproduzenten die Meienreuss und ihre Nebenbäche für sich entdeckt.

«Das Meiental ist kein Museum. Wir wollen hier leben.» Zweiundzwanzig Landwirte gab es im Tal, als die Bäuerin Verena Walker-Epp mit ihrem Mann 1978 den Hof im Weiler Husen übernahm. Heute sind es noch sechs. Ihren eigenen Betrieb zählt sie nicht mehr dazu. Das Land, dreizehn Hektar, ist verpachtet, das Vieh verkauft. «Ich halte nur noch eine kleine Herde mit vierundvierzig Ziegen.» Von ihrem Wohnhaus ist es nur einen Steinwurf ein steiles Bord hinunter zur rauschenden Meienreuss und, einem schmalen Strässchen folgend, zur Wasserfassung «Unter Feden». Hier im Unterlauf wird schon seit den 1940er-Jahren das Wasser der Meienreuss verstromt. Das Restwasser reicht nur im Sommer, in den Wintermonaten bleibt der Fluss auf seiner untersten Fliessstrecke, die ihn durch eine tiefe, unzugängliche Schlucht führt, praktisch trocken. Der Wasserzins, in vielen Berggemeinden die wichtigste Einnahmequelle, fliesst direkt in die Kassen des Kantons Uri. Die Gemeinde Wassen, zu der das Meiental gehört, hat nichts davon. Seit 1987 gibt es ein Versprechen des Kantons, einen lawinensicheren Zugang ins Meiental zu bauen. «Es ist bis heute unerfüllt», bilanziert Verena Walker-Epp, die im Urner Landrat und im Wassener Gemeinderat sitzt.

Vierzig Lawinenzüge säumen das Tal bis hinauf zum Sustenpass und im unteren Tal verschütten die Schneemassen regelmässig die Hauptstrasse. In strengen Wintern ist sie zuweilen für Tage blockiert. Damit könne man durchaus leben, sagt Felix Ziegler. «Aber für alle Pendler, die zur Arbeit aus dem Tal müssen, ist das ein Riesenproblem.» Dazu zählen auch die schulpflichtigen Kinder und Jugendlichen. Ziegler war Dorflehrer im Meiental, bis die 1988 neu gebaute Schule im Jahr 2000 ihre Tore wieder schliessen musste. Heute pendelt auch er – nach Unterägeri im Kanton Zug: eine Stunde Fahrzeit. Die drei Kinder der Familie im Alter von sieben bis dreizehn Jahren besuchen Schulen an drei verschiedenen Standorten. Die Schulgemeinden sind von Gurtnellen bis Göschenen zusammengelegt.

53 Einwohnerinnen und Einwohner zählt das Tal. 1860, bevor der Bevölkerungsschwund einsetzte, waren es noch 460. Seit 1981 gibt es den Verein Pro Meien, der sich entschlossen gegen den Niedergang stemmt und den einen oder anderen Erfolg feiern konnte, nament-

Das Rauschen der Meienreuss bestimmt die Akustik des Meientals, und es ist der Bach mit seinen Seitenbächen, der auch die Landschaft prägt und formt.

lich den Bau des neuen Schulhauses. Doch die Wende misslang. Die Bevölkerung hat seit 1981 um mehr als ein Drittel abgenommen. Heute ist man schon froh, wenn es gelingt, die aktuelle Einwohnerzahl zu halten. Ob ein lawinensicherer Zugang, an den im Meiental nach dreissig Jahren Hoffen und nach zahlreichen gescheiterten politischen Vorstössen inzwischen niemand mehr glaubt, etwas am Bevölkerungsschwund geändert hätte, sei eine offene Frage, sagt Rosemarie Meier Ziegler. «Ob die Leute wegziehen, weil es hier immer weniger Perspektiven gibt, oder ob sie es tun, weil sie einfach in die Welt hinausziehen wollen? Beides spielt wohl eine Rolle.» Was bleibt, ist eine intensive Bindung zum Tal. Das zeigt sich im Hochsommer, wenn fünfzig Leute den Weiler Fürlauwi bevölkern, wo Zieglers leben. Die meisten sind Heimweh-Meientaler, die in die Häuser ihrer Vorfahren ziehen, um Ferien zu machen. Wenn sie weg sind, sinkt die Zahl der Bewohner in Fürlauwi auf zehn Personen.

Die Probleme des Tales sind alt. «Die weit ausgedehnte Wirtschaftsfläche, die abgelegene Lage und die Gefahren des Winters sind die Hauptursachen des entbehrungsreichen Lebens der Talleute, was seit 1860 in immer stärkerem Masse zur Abwanderung führt», schreibt der Geograf Alfred Büchler in seiner 1928 erschienenen Dissertation «Das Meiental im Kanton Uri». Es ist eine heute noch lesenswerte und lehrreiche Abhandlung nicht nur zum Meiental, sondern zum Leben in den Alpen. Ein hartes Leben: Das galt insbesondere für das gemeinschaftlich betriebene, extrem aufwendige und gefährliche Wildheuen, aber auch für die Pflege der Weideflächen: Das «Schönen», das primär im Entfernen von Steinen aus den Lawinenhängen im Tal bestand. Dafür fehlte immer mehr an Arbeitskräften, die Bevölkerung hatte sich seit 1860 halbiert. Der grösste Aderlass erfolgte in den 1880er-Jahren, als ganze Familien im Zug einer schweren Wirtschaftskrise in die Vereinigten Staaten auswanderten: damals ein gelobtes Land für Millionen Auswanderer aus Europa.

Für die Meientaler Bergbauern bestand der American Dream primär darin, sich im «Corn Belt» als Landarbeiter zu verdingen. Heute sind es die verarmten Campesinos aus Mittel- und Südamerika, die deren Rolle eingenommen haben. Wer in diesen Tagen das Meiental verlässt, träumt nicht mehr von Amerika. Und es ist auch nicht die pure Not, die zum Auswandern drängt. Oft sei es ein gutes Jobangebot oder die grosse Liebe, sagt Felix Ziegler. Es gibt auch den seltenen umgekehrten Weg, wie bei Zieglers. Er stammt aus Winterthur, sie aus dem Luzernischen. «Wir werden wohl die Letzten sein, die hier ihre Kinder grossziehen.»

Mit der Berglandwirtschaft wäre es im Meiental schon lange vorbei, hätten sich die Rahmenbedingungen nicht stark verbessert. Die Gesellschaft hat längst eingesehen, dass die Landwirtschaft in alpinen Gebieten nur noch mit staatlicher Unterstützung möglich ist. Und so gibt es seit Jahrzehnten Zahlungen für erschwerte

Bedingungen; sie machen heute etwa drei Viertel des Einkommens eines Bergbauern aus. Ein wesentlicher Teil dieser Zahlungen dient dazu, jene Nachteile auszugleichen, die durch die Topografie und das Klima entstehen. Dazu kommen zunehmend Leistungen, die den Verzicht auf intensive Bewirtschaftung zugunsten der Natur belohnen. Mögen sich dabei auch die Gewichte verschoben haben: Die sechs verbliebenen Vollerwerbslandwirte im Meiental bewirtschaften heute im Wesentlichen, von den extremsten Lagen abgesehen, dieselben Flächen wie ihre Vorfahren. Dank Maschinen tun sie dies aber wesentlich effizienter – und dank der staatlichen Förderung verdienen sie heute etwa so viel wie ein Facharbeiter. Dennoch, sagt Verena Walker-Epp, seien die heutigen Betriebe zu gross, um sie im kleiner gewordenen Familienverbund zu bewirtschaften. Zivildienstleistende und freiwillige Helferinnen und Helfer, oft aus Naturschutzorganisationen, sind deshalb unverzichtbar. Sie helfen mit, eine abwechslungsreiche alpine Kulturlandschaft zu erhalten, die Besucherinnen und Besucher sofort für sich einnimmt: Von den terrassenartigen Lesesteinhaufen in den steilen Lawinenhängen, auf denen Schafe weiden, über den bunten Blumenteppich auf den nur spärlich genutzten Alpweiden bis hin zu den steilen, dicht bewachsenen Felswänden, die den Gorezmettlenbach säumen. Er bahnt sich den Weg auf seinen letzten Metern zur Meienreuss durch eine Schlucht und dreht sich dabei zweimal im Kreis. Der Bach durchfliesst vorher ein Auengebiet von nationaler Bedeutung. Die Meienreuss zieht derweil kurvenreich auf der Hundsalp ihre Schlaufen, einer von mächtigen Steinblöcken gesäumte Ebene. Auf einer Insel breitet sich ein junges Lärchenwäldchen aus. Nur ein paar Schritte talabwärts taucht der Fluss in eine tiefe Schlucht ein.

Auf der Heimchueweid auf der rechten Talseite weiden im Spätsommer Schafe. Sie haben eine fantastische Aussicht, und die Spitzplangg weiter oben erinnert noch daran, dass hier früher die Wildheuer ihrer gefährlichen Arbeit nachgingen. Die Flurnamen im ganzen Tal machen deutlich, wie wichtig hier noch der letzte Flecken Gras war, um ein Tal mit einigen Hundert Einwohnerinnen und Einwohnern zu ernähren: der Firnplangg am Fusse des Fustlifirns, die Heugand ober-

Schon im Spätwinter regt sich das Leben unter und über dem Wasser. Die Meienreuss bahnt sich ihren Weg durch wilde Schluchten und sanftere Ebenen.

halb der Alp Hinterfeld oder die Schafgand am Fusse des Schafschijen (2840 m). Auf den heute grasüberwachsenen Felsblöcken im Talgrund wurden Kartoffeln gepflanzt, im Uferbereich der Meienreuss, wo es für das Vieh zu gefährlich war, wuchs Flachs zur Leinenherstellung. Heute ist die Bewirtschaftung bis zu dreissig Meter Distanz zur Meienreuss aus Gewässerschutzgründen nur noch eingeschränkt erlaubt. Die Landwirte werden dafür entschädigt. Das Chalberloch auf 1650 Meter über Meer – kurz vor der Steilstufe der Meienreuss hinunter zum Weiler Färnigen – ist möglicherweise einst neugierigen Kälbern zum Verhängnis geworden. Heute lässt es sich auf einem schönen Höhenweg entspannt daran vorbeiwandern.

Der Weiler Färnigen liegt zweihundert Meter tiefer als das Chalberloch, und auf diesen Höhenunterschied haben die «Centralschweizerischen Kraftwerke» (CKW) ein Auge geworfen, um Wasser der Meienreuss zu fassen und durch einen Druckstollen zu turbinieren. Auch der nahe Gorezmettlenbach und ein weiterer Bach auf der Südseite des Tales sollten genutzt werden. Zusammen liessen sich so bis zu 2,5 Megawatt mittlerer Bruttoleistung erzielen, und bei Baukosten von knapp 18 Millionen Franken könnten jährlich rund 15,7 Gigawattstunden Strom produziert werden. Der Kanton Uri hätte mit Wasserzinsen von maximal 276 000 Franken rechnen können. Und die Meientaler? Mit wenig bis gar nichts. Der Betrieb eines Kleinwasserkraftwerks läuft weitestgehend vollautomatisch, bringt also keine neuen Stellen. Die CKW hatten noch weitere Varianten studiert, mit etwas weniger Kosten, etwas weniger Stromproduktion und etwas weniger Wasserzins. Alle Varianten wären nach Einschätzung des Unternehmens konform gewesen mit dem Gewässerschutzgesetz und der «Schutz- und Nutzungsplanung erneuerbare Energien» des Kantons Uri.

Die meisten Fliessgewässer im Meiental sind noch natürlich. Das ist sehr selten geworden im Kanton Uri, und auch in den Schweizer Alpen muss man solch naturnahe Fliessgewässer schon beinahe mit der Lupe suchen. Doch das bleibt bei solchen Planspielen leider unberücksichtigt.

Die CKW haben sich auch den Abschnitt oberhalb der bereits bestehenden Nutzung angeschaut: die «Stufe

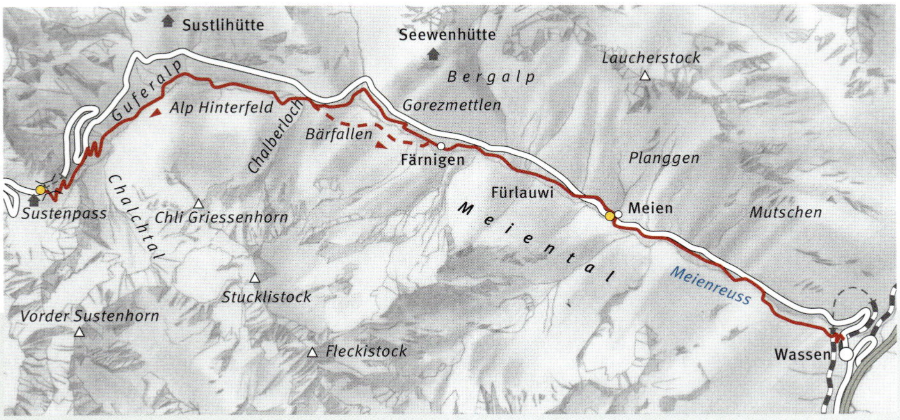

HINAUF DURCHS GANZE MEIENTAL

Es rauscht und schäumt auf weiten Teilen dieser prächtigen, sechsstündigen Wanderung von Wassen zum Sustenpass. Die Meienreuss macht die wohlklingende Begleitmusik, und der alte, aus dem frühen 19. Jahrhundert stammende Sustenweg lässt die Wanderinnen und Wanderer etwas von den Transportwegen der Vergangenheit erahnen. Sein weitgehend gleichmässiges Gefälle erleichtert die Herausforderung von 1400 Höhenmetern bergan. Die landschaftlichen Höhepunkte markieren die Meienreuss und ihre Seitenbäche, etwa der Abschnitt von Färnigen bis zum Chalberloch mit zwei spektakulären Schluchten der Meienreuss und des Gorezmettlenbachs, einem unberührten Auenabschnitt und der wie mit einem Skalpell aus der Landschaft geschnittenen Schlucht unterhalb Fürschlacht. Von ganz anderem, ruhigem Charakter zeigt sich die Meienreuss auf ihrem flachen Lauf bei der Alp Hinterfeld. Ihren Weg aus dem Hochgebirge zeigt der Blick hinauf ins Chalchtal.

ANREISE Mit dem Bus von Erstfeld nach Wassen

RÜCKREISE Postauto ab Susten, Passhöhe (Fahrplan beachten, nur wenige Kurse!)

WANDERZEIT 5 Std. 30 Min.

HÖHENDIFFERENZ 1400 m Aufstieg, 50 m Abstieg

SCHWIERIGKEIT Mittel

KARTE Landeskarte 1:25000, 1211 Meiental

ESSEN UND UNTERKUNFT Ferienwohnung Gästehaus, Meien: Tel 041 885 00 68, www.meiental.ch. Die grosszügige Dreieinhalb-Zimmer-Ferienwohnung kann auch nächteweise und von Einzelpersonen gebucht werden. Auf Wunsch kocht die Gastgeberin (sehr lecker).
Hotel Edelweiss, Wassen: Telefon 041 885 13 52

VARIANTE Vom Dörfli Meien aus lässt sich eine schöne Rundwanderung machen. Dem Verlauf des Sustenweges bis Chalberloch folgen, dort über die Meienreuss und auf der anderen Talseite mit herrlicher Aussicht zurück. Kurz vor Färnigen die Brücke nicht verpassen. 3 Std.

INFORMATIONEN Lesenswert ist der Abschnitt zum Sustenweg im Kantonsheft Uri des Inventars historische Verkehrswege der Schweiz IVS. Es kann auf der Website des IVS heruntergeladen werden: www.ivs.admin.ch, unter «Dienstleistungen», «Downloads und Bestellungen», «Kantonshefte». Ferienregion Andermatt: Telefon 041 888 71 00, www.andermatt.ch

Stockmatten» mit einer Wasserfassung zwischen Fürlaui und Meien Dörfli, an einer Engstelle der Meienreuss. Von dort aus würde das Wasser durch einen Stollen geleitet und verstromt. Die Ernte wäre etwa doppelt so hoch wie am oberen Abschnitt. Theoretisch liessen sich damit etwa 7000 Haushalte versorgen. Das Problem ist die übers Jahr sehr unterschiedliche Produktion. Etwa zwei Drittel würden in den Sommermonaten produziert, in den sieben Monaten von Oktober bis April, wenn der Strom besonders gefragt ist, würde das Kraftwerk deutlich weniger produzieren. Doch wen interessiert das schon in Zeiten, in denen solche Kleinwasserkraftnutzungen sowieso nur rentieren, weil sie stark subventioniert werden.

Immerhin: Die CKW und der Kanton Uri wollen nun einen Mittelweg gehen. Auf die Nutzung der oberen Stufe soll verzichtet werden, ein Teil dieser Fliessgewässer soll unter Schutz gestellt, ein anderer für die Dauer der Konzession (80 Jahre) nicht verstromt werden. Dafür soll im unteren Teil eine volle Nutzung möglich sein, also sogar mehr Wasser abgezweigt werden, als es der Kanton Uri im Rahmen seines eigenen Nutzungsplanes vorsieht. Die Restwasserregelung würde der Meienreuss dann pro Sekunde nur noch den Inhalt einer Badewanne belassen. Das Rauschen wäre ab Meien Dörfli nur noch sehr gedämpft zu hören. Fauna und Flora am Bach wären beeinträchtigt und auch die Fischwanderung erschwert. Die Umweltverbände setzen sich aber weiterhin dafür ein, dass hier kein Kraftwerk gebaut wird und das Gewässer wild bleiben darf. Noch ist nichts definitiv. Also geniessen, so lange das Rauschen die Ohren noch erfreut. (FI)

BIBER

Stille statt Kanonendonner

Kein Lebensraum wurde in den letzten Jahrzehnten derart beeinträchtigt wie die wasserreiche Landschaft der Moore. Und auch die Gewässerperle Biber hätte ein trauriges Ende genommen, hätten die Umweltschützer nicht den Mut gehabt, gegen Armee und Politik anzutreten, um den Bau eines Waffenplatzes zu verhindern.

Der Himmel ist von einem transzendenten Blau, wie man es nur im Frühherbst sieht. Die letzten Morgennebelschwaden liegen über dem Moor. Vergeblich kämpfen sie gegen ihre Auflösung, die Sonne ist zu kräftig. Schwere landwirtschaftliche Fahrzeuge fahren in der Moorrandzone über feuchte Wiesen und hinterlassen tiefe Furchen. Die Fussstapfen der Kühe füllen sich mit Wasser. Aus der Ferne schlagen die Glocken der Kirche von Rothenthurm. Sie ist Sankt Antonius gewidmet – der Heilige hilft, Vermisstes wiederzufinden. Grosse Lettern prangen auf dem Kirchendach: «Sankt Antonius, bitt für uns.» Gibt es Menschen, die hier im Hochmoor verlorengingen? «Das kennt man von England oder Norddeutschland», sagt Albert Marty: «Aber hier ist noch niemand verloren gegangen.» Der Lokalhistoriker kennt die Geschichte des Hochmoors bestens. Es sind weniger Geistergeschichten, sondern vor allem Erzählungen von Arbeit und Armut.

Die über 1100 Hektar grosse Hochebene zählt zu den bedeutendsten Moorlandschaften der Schweiz. Sie liegt auf fast 900 Meter über Meer und ist deshalb zu hoch, um fruchtbar zu sein. Anstatt mit Weizen oder Kartoffeln handelten die Einheimischen deshalb früher mit Eisblöcken, die sie den Brauereien der Umgebung lieferten. Neben Eis war Holz eine wichtige Einnahmequelle. Nachdem die Wälder der Umgebung stark dezimiert waren, blieb den Rothenthurmern nichts anderes übrig, als Torf zu stechen, der im Volksmund «Turpä» heisst. Im getrockneten Zustand ist Torf gut brennbar. Torf lässt sich mit vergleichsweise geringem Aufwand gewinnen. Eine Drainage für den Wasserabfluss genügt. Danach kann das Material wie ein Kuchen einfach abgeschnitten und getrocknet werden. Seit dem 18. Jahrhundert wurde in Rothenthurm Torf abgebaut. Zuerst für den Eigengebrauch und später, um den steigenden Energiehunger der Städte zu stillen. Der Torfabbau linderte die grosse Not der Bauern. Vieles blieb noch bis weit ins 20. Jahrhundert hinein reine Handarbeit. Das gilt auch für die konzessionierten Firmen aus Italien, die ebenfalls auf die menschliche Arbeitskraft setzten. Auf alten Aufnahmen sind ganze Heerscharen von Män-

Die Biber schlängelt sich mit geringer Fliessgeschwindigkeit durch das Hochtal von Rothenturm.

nern und Frauen zu erkennen, die im Moor arbeiten. Vor allem während der Weltkriege erlebte der Torfabbau nochmals einen Aufschwung.

Mittlerweile herrscht Stille im Hochtal. Es hätte auch anders kommen können. Dann würden hier Maschinengewehre knattern und Panzer dröhnen. Ausgerechnet hier plante die Armee in den 1980er-Jahren den Bau eines Waffenplatzes. Dank der sogenannten Rothenturm-Initiative kam es nicht dazu. Für den Schweizer Naturschutz war es der erste grosse Sieg. Es war die Zeit, als Fische in verseuchten Flüssen verendeten, der Kehricht in offenen Deponien landete, in Tschernobyl ein Atomkraftwerk explodierte und es in Schweizerhalle bei Basel zu einer Chemiekatastrophe kam. Das war selbst für Menschen zu viel, die bis dahin nichts von Umweltschutz wissen wollten. Das Ja für den Moorschutz 1987 und den Erhalt des Tals der Biber war damals auch ein Zeichen, dass es so nicht mehr weitergehen konnte. Claude Martin, der damalige Geschäftsführer des WWF Schweiz, meint rückblickend: «Dass die Initiative mit 58 Prozent angenommen wurde, das hätten wir niemals erwartet.» Das Wissen darum, wie wertvoll und artenreich Moore sind, war vor allem im 19. Jahrhundert noch nicht vorhanden. Die Menschen entwässerten und zerstörten die Moore, zuerst für die Landwirtschaft, dann für den Siedlungsbau.

Inzwischen sind nach Zahlen des Bundesamts für Umwelt (Bafu) etwa neunzig Prozent verschwunden. Die wenigen noch existierenden Moore zählen deshalb zu den wertvollsten Landschaften der Schweiz. Sie sind verfassungsrechtlich geschützt, und es dürfen eigentlich keine Veränderungen mehr vorgenommen werden. Eigentlich. Deshalb sagt Robert Bachmann, Präsident des WWF Schwyz: «Zur effektiven Umsetzung des Moorschutzes gemäss den gesetzlichen Vorgaben braucht es viel Zeit, Geduld und Verhandlungsarbeit. Der Schutzverordnung für die Moorlandschaft Rothenthurm sind jahrzehntelange Verhandlungen vorangegangen, und trotzdem sind einige Details noch immer nicht geklärt.» Eingriffe dürfen nur dann stattfinden, wenn es der Aufwertung dient. Büsche und Bäume, die sich ausbreiten, müssen periodisch gefällt und eine weitere Ausbreitung des Tourismus in bisher unberührte Gebiete verhindert werden. Ziel ist es, den übrig gebliebenen Flach- und Hochmooren das Überleben zu garantieren. «Wenn ich heute sehe, wie sich das Bafu und der Bundesrat für den Moorschutz rühmen, dann denke ich auch mit einer gewissen Genugtuung: So haben sich die Zeiten geändert», konstatiert Claude Martin.

Ein guter Moorschutz macht auch aus einem anderen Grund Sinn. Moore speichern grosse Mengen des Treibhausgases CO_2. Umgekehrt setzt ihre Zerstörung sehr grosse Mengen Kohlendioxid frei. Und genau dies passiert, wenn in tropischen Gebieten im grossen Stil torfhaltige Urwälder abgebrannt werden, um sie für die Produktion von Palmöl zu nutzen. Die unglaubliche

Rauchentwicklung ist in solchen Fällen sogar auf Satellitenbildern zu sehen. Diese Zerstörung ist umso schlimmer, weil man heute weiss, wie anfällig Moore auf Umwelteinflüsse sind und wie lange sie brauchen, um sich zu regenerieren.

Doch zurück in die Schweiz: Nach der letzten Eiszeit, also vor mehr als 10 000 Jahren, hinterliessen die Gletscher auf ihrem Rückzug lehmhaltiges, wasserundurchlässiges Moränenmaterial. Danach setzte die Bodenbildung ein. Wenn die vom Gletscherrückzug neu geformte Landschaft flach ist, wie bei der Hochebene von Rothenthurm, bildet sich eine sumpfige Landschaft, auf der Pionierpflanzen siedeln, deren Blätter sich aber wegen Sauerstoffmangels nicht im wässrigen Boden zersetzen. Sie werden konserviert und lassen den Boden im Laufe der Jahrtausende langsam in die Höhe wachsen. Das passiert ganz langsam, um jährlich kaum einen Millimeter.

Die Torfböden sind sehr mineralisch und reich an Kohlenstoffen. Über Jahrhunderte hat sich eine Form der Wechselwirkung zwischen den Menschen und der Natur entwickelt, an die sich auch Pflanzen- und Tierarten gewöhnten. Doch das funktioniert nur so lange, als das Veränderungstempo nicht zu gross ist. So waren früher die Weidetiere kleiner und leichter, der Torfabbau moderat. Daraus entwickelte sich eine darauf abgestimmte spezielle Artenzusammensetzung.

Das ist auch heute noch zu spüren: Wer sich in Rothenthurm zu Fuss ins Moorgebiet begibt, erlebt eine faszinierende Landschaft. Zuerst sind Streuwiesen zu sehen, dann im sumpfigeren Gebiet feuchtigkeitsliebende Pflanzen wie etwa das Scheiden-Wollgras, fleischfressende Pflanzen wie der Rundblättrige Sonnentau, Flockenblumen, Orchideen und viele andere Arten, darunter die Torfmoose. An so nährstoffarme und saure Bedingungen sind nur wenige Pflanzenarten angepasst. Dazu kommt eine Reihe von Vogelarten, vor allem Bodenbrüter wie das Braunkehlchen, Wachteln oder der Wiesenpieper, die hier ideale Brutbedingungen vorfinden. Diese Vogelarten, aber auch Libellen, darunter die vom Aussterben bedrohte Gebänderte Heidelibelle, sind allerdings auf Pflegemassnahmen der Menschen angewiesen, genauso wie Schmetterlinge und andere Insekten.

Geprägt wird die Hochebene von Rothenthurm durch die Biber. Sie schlängelt sich gemächlich durchs Hochtal. Wegen des flachen Geländes ist die Fliessgeschwindigkeit relativ tief, aber dennoch günstig für Bachforellen. Doch die Fische scheinen nicht zu laichen, die Biber wird deshalb mit Forellen besetzt. Dagegen vermehren sich Amphibien wie die Gelbbauchunke auf natürliche Weise.

Im Moorgebiet werden bis 360 verschiedene Pflanzenarten auf einer Fläche von hundert Quadratmetern gezählt. Moore sind empfindliche Ökosysteme. Sie müssen

Während im Frühjahr im Moorgebiet eine prächtige Vogelwelt zu bewundern ist, prägen im Frühherbst, wenn sich der Morgennebel lichtet, das intensive Blau des Himmels und die Gelb- und Ockertöne des Moorgrases das Bild.

einen stabilen pH-Wert von etwa 4 haben. Das heisst, die Böden sind sauer. Damit die entsprechend angepassten Pflanzen gedeihen können, muss das auch so bleiben. Doch der Regen hat sich in den letzten Jahren verändert. Dazu kommt die Bodenverdichtung durch schwere Landwirtschaftsgeräte, hochgezüchtete Tiere und die Düngung. All das erhöht den pH-Wert. Dadurch verändert sich die Artenzusammensetzung langsam. Ein belastender Faktor kann aber auch der Tourismus sein. Immer wieder zieht es Wanderer weg von den Wegen und mitten ins Moor.

Während Rothenthurm und die eine Flussseite im Kanton Schwyz liegen, beginnt auf der anderen Seite das zum Kanton Zug gehörende Ägeriried. Der Boden ist im Besitz einer Korporation, also im Gemeinschaftsbesitz. Pächter Roman Nussbaumer bewirtschaftet dort ein Stück Land. Er nutzt die Streu für die Bodenbedeckung im Stall. Vor dem ersten September darf nicht geschnitten werden, wer aber nach dem ersten Oktober schneidet, bekommt mehr Zuschläge. «Es gibt Bauern, die nicht mehr mähen, Unterstützung bekommen und das Stroh importieren, weil der Vorrat nicht für den ganzen Winter reicht. Ich finde das unökologisch», erklärt Roman Nussbaumer. Für ihn ist das keine Option. «Wenn ich es stehen lasse, ist es im nächsten Jahr so hart, dass man es kaum mehr brauchen kann.»

Bereits im September kündigen die Herbstzeitlosen die nahende kalte Jahreszeit an. Auch die Farben des Moors verändern sich jetzt, es dominieren verschiedene Ockertöne. Die offene, weite Landschaft übt einen herben Reiz aus. Vereinzelte Birken stehen prägnant inmitten des Moors. An einer Scheune erinnert ein altes

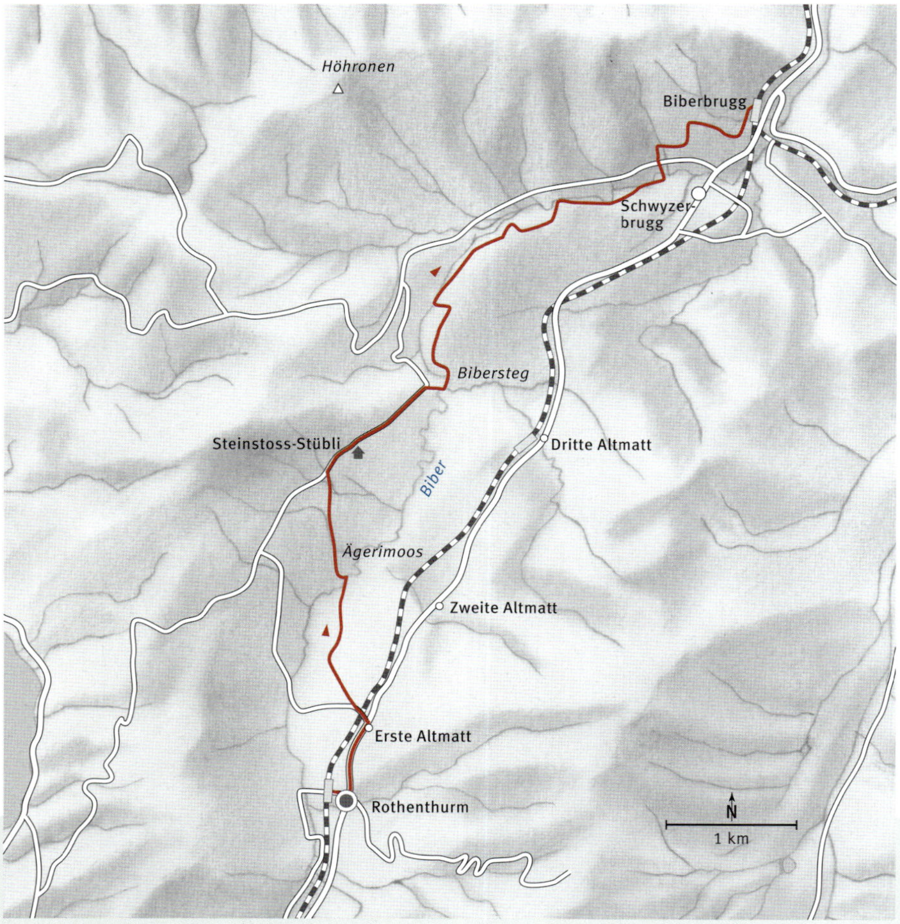

WANDERN AM URSPRUNG DES SCHWEIZER MOORSCHUTZES

Der Weg vom Bahnhof Rothenthurm nach Biberbrugg ist gut ausgeschildert. Er führt zuerst übers offene Feld, dann mit gewissem Abstand der noch jungen Biber entlang. Die Wanderung verläuft teils auf asphaltierter Strasse, teils auf Landwirtschafts- und Wanderwegen. Wo dies notwendig ist, führt der Wanderweg auch über Holzstege. Dies schützt nicht nur die Schuhe vor Nässe, sondern auch die Vegetation vor Trittschäden. Während auf dem ersten Streckenabschnitt die Biber und die Moorlandschaft dominieren, wächst der Bach im Laufe der Wanderung an, gräbt sich tiefer ins Tal und verändert seinen Klang. Er wird zum kleinen Fluss. Wem nach einer Feuerstelle zumute ist, der wird kurz vor Biberbrugg fündig. Sie befindet sich in einer Schlaufe direkt am Fluss; man kann dort nicht nur rasten, sondern auch die Füsse kühlen. Achtung: Während der Brutzeit sind einige Wege aus Rücksicht auf die Vögel gesperrt. Die ideale Wanderzeit ist Mai bis September.

AN- UND RÜCKREISE Mit dem Zug über Arth Goldau oder Rapperswil. Der «Voralpenexpress» hält sowohl in Rothenthurm als auch in Biberbrugg.

WANDERZEIT 2 Std. 30 Min. bis 3 Std.

HÖHENDIFFERENZ 150 m Aufstieg, 250 m Abstieg

SCHWIERIGKEIT Leicht

KARTEN Landeskarte 1:25000, 1132 Einsiedeln, 1152 Ibergeregg

UNTERKUNFT Hotel Morgarten am Ägerisee, Morgarten: Telefon 041 750 12 91, www.hotel-morgarten.ch. Hotel mit Aussicht am nahe gelegenen Ägerisee.

ESSEN: Steinstoss-Stübli, Rothenthurm: Telefon 041 838 12 94. Hübsches Beizli am Rande des Hochmoorgebietes gelegen, ideal für einen Imbiss.

INFORMATIONEN Rothenthurm Tourismus, Rothenthurm: Telefon 041 838 00 66, www.rothenthurm-tourismus.ch Adresse für Führungen: Albert Marty, Oberdorfstrasse 26, 6418 Rothenthurm, Telefon 041 838 13 91, www.moorevent.ch

Der Wanderweg verläuft oft ein Stück weit weg von der Biber. Das Flüsschen ist nur selten so gut zu sehen wie hier. Dafür gewinnt man einen guten Überblick über das ganze Hochtal.

Schild noch an die frühere Nutzung: «Johann Beller, Torfstreuwerk», dazu die Telefonnummer 30. Sie erinnert an eine Zeit, als Telefone noch nicht verbreitet waren. Die Scheunen dienten beim Torfabbau als Geräteschuppen und sind die einzigen Bauwerke, die es im Moor gibt. Wohl deshalb springen sie einem sofort ins Auge. Die Kulturlandschaft ist einzigartig.

Das Ägeriried ist eine eindrucksvolle Moorlandschaft. Immer wieder queren kleine Wiesenbächlein das Moor und ergiessen sich in die Biber. Diese Bächlein sind manchmal kaum zu sehen. Einzig der Pflanzenbewuchs und ein leises Murmeln deuten an, dass hier Wasser fliesst. Der Moorweg ist nicht federnd und weich, sondern asphaltiert und wird als Landwirtschaftsstrasse genutzt. Hölzerne Telefonmasten, das im Spätsommer braun gewordene Moorgras und die verstreuten Bäume vermitteln auf dem Weg nach Biberbrugg den Eindruck einer Prärie. Über die offene Landschaft streicht meist ein kühlender Wind. Vögel zwitschern, Grillen zirpen, Kuhglocken bimmeln, Pferdewagen fahren vorbei und Traktoren knattern. Eine Raupe überquert die Strasse und sucht sich eine neue Heimat. Die Wiese, aus der sie kriecht, hat gerade den Septemberschnitt bekommen.

Nach einer Stunde Wegstrecke steht an leicht erhöhter Lage ein kleines Restaurant mit Namen «Steinstoss», das zum Verweilen einlädt. Von hier aus ist der Blick auf die Weite des Hochmoores Rothenthurm sehr eindrücklich. Nach dem Bibersteg geht es leicht aufwärts. Die Vegetation ändert sich. Heidelbeeren wachsen, ein Birkenwäldchen bietet Schatten, die Biber hört man nur noch leise rauschen. Zwar ist das Hochmoor noch lange zu sehen, doch die Biber und die ihr zufliessenden Bächlein verschwinden langsam, und damit auch eine zauberhafte Welt. Albert Marty, der Besucher gerne ins Moor führt und ihnen die besondere Pflanzen- und Tiergemeinschaft näherbringt, sagt: «Je mehr die Menschen über den Moorschutz wissen, desto mehr sind sie auch bereit, auf Freiheiten zu verzichten und dieses Gebiet zu schonen.» (MA)

THUR
Ein Fluss mit vielen Gesichtern

Die Thur ist an ihrem Oberlauf im Toggenburg ein auf weiten Abschnitten naturbelassener Bergbach, am Mittel- und Unterlauf haben die grossen Verbauungen des 19. und 20. Jahrhunderts dem Fluss kaum Spielraum gelassen. Trotz nur schleppend vorankommender Renaturierung: Ein Besuch der Thur lohnt sich.

Am Ufer der Thur in der Nähe der Murgmündung bei Frauenfeld haben Biber ganze Arbeit geleistet und einen schmalen Weidenstamm komplett entrindet. Das nährstoffreiche Kambium ist in den letzten Wintertagen, wenn das Nahrungsangebot knapper und knapper wird, eine wichtige Nahrungsquelle. Zu welchen Leistungen Biber fähig sind, zeigen einige stattliche Laubbäume in einer Wiese an der kanalisierten Murg. Mitten im Landwirtschaftsgebiet haben sie die dicken Stämme mit ihren Schneidezähnen bearbeitet. Viel braucht es nicht mehr, bis sie umstürzen werden. Deshalb müssen sie bald aus Sicherheitsgründen gefällt werden. Dass das nötig ist, haben sich die Menschen selber zuzuschreiben: Wo die Gewässer naturfern sind, wo Auen fehlen und generell zu wenig Gewässerraum vorhanden ist, da machen sich die Biber eben auch im Kulturland an die Arbeit.

Im nahen Auenwald, der dem Lauf eines alten Armes der Thur folgt, stauen die Biber das Wasser zurück und machen sich an Bäumen zu schaffen. Einige sind mit Drahtgittern vor ihnen geschützt. Zu sehen sind die scheuen Tiere nicht. Sie sind wieder heimisch geworden an der Thur – ein schöner Erfolg für die Revitalisierungsmassnahmen der letzten zwei Jahrzehnte am Unterlauf des Flusses, namentlich im Mündungsbereich in den Rhein und auf der eineinhalb Kilometer langen Strecke zwischen der Brücke bei Niederneunforn und Gütighausen. Mit der 2003 abgeschlossenen Revitalisierung fliesst die Thur nun wieder so, wie es ihr gefällt – allerdings nicht bis zu ihren natürlichen Grenzen, sondern jenen, die die Flussbauer im Rahmen des Möglichen zugelassen haben. Der Fluss hat die Landschaft in kurzer Zeit kräftig umgestaltet. Eine mehrere Hundert Meter lange und rund hundert Meter breite Kiesbank bildet den Gegenpol einer neu entstandenen Flussschlaufe.

Die Thur ist in dieser lieblichen, von Weinbergen und Äckern geprägten Landschaft ein schwer zu bändigender, unberechenbarer Wildbach, dessen Wasserführung innerhalb weniger Stunden von dreissig Kubikmetern pro Sekunde auf mehrere Hundert steigen kann. In den Jahren 1874 bis 1890 wurde sie in ein steinernes Korsett gezwängt, um Kulturland zu gewinnen und das

Die Thur ist an ihrem Oberlauf an vielen Stellen noch weitgehend ungestört. Auf dem Thurweg lässt sie sich erkunden.

Thurtal vor Überschwemmungen zu schützen. Doch als 1978 nach einem Jahrhunderthochwasser die Dämme an mehreren Stellen brachen, wurden die Weichen mit dem «Thurrichtprojekt 79» neu gestellt. Neben einem verbesserten Hochwasserschutz sollte der Fluss innerhalb der Dämme wieder verstärkt den Launen der Natur folgen dürfen. Bei Niederneunforn begrenzt auf der Thurgauer Seite ein alter Auenwald den Flusslauf, auf der Zürcher Seite ist es ein Damm, der Ackerland und Siedlungen vor dem Wasser schützt.

Hunderte Schwimmer, Bootsfahrer und Kanuten lassen sich an schönen Sommerwochenenden den Fluss hinuntertreiben. Nirgends fliesst die sonst gleichförmig in ihrem Bett dahinströmende Thur so abwechslungsreich, und nirgends bieten sich mit den Kiesbänken so attraktive Rastplätze wie auf diesem Abschnitt zwischen Niederneunforn und Gütighausen. Spaziergänger mit ihren Hunden und Radler sind derweil gerne auf dem Dammweg auf der gegenüberliegenden Zürcher Seite unterwegs. Fischer freuen sich an den natürlichen Laichplätzen, und auch die Landwirte haben sich mit der neuen Thur arrangiert. Das früher als Weidefläche genutzte Vorland beim Auenwald gehört heute wieder ganz dem Fluss. Die Bauern wurden dafür mit Nutzflächen im Hinterland entschädigt. Die Revitalisierung des kurzen Flussabschnittes hatte Pioniercharakter und ist doch Stückwerk geblieben. Als mächtiger, das Tal beherrschender Strom zeigt der Maler J. B. Isenring die Thur um 1825 von der Kartause Ittingen aus gesehen, die Ortschaften halten Respektabstand. Auf einer Fotografie, die um 1920 von der Thur bei Niederbüren aufgenommen wurde, fliesst sie um einen Auenwald herum, der sich in der Mitte des Flusses entwickelt hatte. Auch die Ufer sind von Auenwäldern gesäumt. Der Fluss war hier im Mittel um hundertfünfzig Meter breit, an manchen Stellen waren es bis zu fünfhundert Meter. Davon ist nach der Korrektur nichts übrig geblieben. Heute fliesst die Thur dort, wie praktisch überall am Unterlauf, im verbauten und vierundfünfzig Meter breiten Bett zu Tale.

Das meiste, was bislang an Aufwertungsmassnahmen unternommen wurde, schafft nur eine isolierte Naturnähe. Es fehlt insbesondere an breiteren Flussabschnitten mit Auen, den sogenannten Trittsteinen, die

im Idealfall im Abstand von etwa vier bis sechs Kilometern zu liegen kommen müssten, um Fauna und Flora aus der Isolation zu befreien. Auch der Abstand der Schutzdämme, der selten mehr als hundert Meter erreicht, ist zu gering, um eine dauerhafte Wiederansiedlung von Auenwäldern zu erlauben. Das zeigt beispielhaft die geplante Renaturierung des Thurabschnittes zwischen Bürglen und Weinfelden. Der aktuelle Vorschlag bringt, wie andernorts, leider nur punktuelle Verbesserungen. Ein grosser Wurf sähe anders aus. So bleibt der Mittel- und Unterlauf der Thur, der bei Schwarzenbach bei Wil beginnt, das grosse Sorgenkind.

Ein grosser Wurf der Natur ist dafür das Ofenloch. Ein Waldsträsschen zieht sich vom Ellbogen, einer Alp wenige Kilometer nordwestlich der Schwägalp, hinüber zur benachbarten Alp Horn. Mächtige Tannen säumen den Weg, aus den Tiefen einer Schlucht ist das Rauschen eines Wildbaches zu hören. Es ist der Necker, der hier entspringt und sich über Jahrtausende hundert Meter tief ins Nagelfluhgestein eingegraben hat. Grosse Flüsse haben ihre Fracht aus den Alpen abtransportiert und als Molasse weiter unten wieder deponiert. Mit Nagelfluh, gerne auch als «Herrgottsbeton» bezeichnet, werden die Gesteinsbrocken innerhalb der wie gepresster Sand wirkenden Molasse bezeichnet.

Auf der anderen Seite grast Vieh auf der Alp Neuwald. Ein schmaler, aber gut begehbarer Pfad führt durch einen herrlichen Buchenwald hinunter in die Schlucht. Der Blick in den teils überhängenden Abgrund sei nur Schwindelfreien empfohlen. Kurz weitet sich der steile Hang zu einem Plateau, an dessen Rand sich ein Seitenbach parallel zum Fels mehrere Meter tief eingegraben hat, nur um sich nach einem abrupten Schwenker in die Tiefe zu stürzen. Nach der Umrundung eines Felsvorsprungs rückt ein Wasserfall ins Blickfeld, der sich über einen mächtigen Felsen in einen kleinen Teich vom Format eines Strudelwasserbeckens stürzt. Es ist ein Seitenbach des Neckers, mit dem er sich kurz darauf vereint – nicht ohne sich gleich noch einmal über eine wuchtige Felswand zu werfen. Das Ganze gemahnt an die Entstehung der Welt: Überall Geröll, Felsen, Geschiebe, Wasserfälle, Höhlen, geknickte Baumstämme, Farn und Moos, und das alles eingerahmt von gewaltigen Nagelfluhsteilwänden.

In markanten Schleifen zieht sich die Thur durchs obere Toggenburg, um sich unvermittelt durch einen Felsriegel zu zwängen.
Ganz rechts der Necker bei der Mündung in die Thur.

In der sommerlichen Hitze ist die Abkühlung im eiskalten Wasser herrlich erfrischend, bevor es am Gegenhang auf anfänglich sehr rutschigem Untergrund wieder aufwärtsgeht. Dann rückt schliesslich der Necker ins Blickfeld, hier ein liebliches Bächlein, dem man im Spätsommer und in der Trockenzeit die gewaltige Erosionskraft nicht zutraut. Doch während der Schneeschmelze und nach sommerlichen Gewittern wird aus dem Bächlein ein reissender Fluss – der Mensch hat dann hier und am weiteren Unterlauf nichts verloren. Über dreissig Kilometer fliesst der Necker in einem wilden, weitgehend naturbelassenen Bett, bevor er bei Lütisburg in die Thur mündet. Der Aufstieg aus der Schlucht bietet zwei Varianten: hinauf in mehreren Kehren zur Alp Neuwald, einen weiten Umweg in Kauf nehmend, oder in der Direttissima auf einem nicht markierten, auf der Landeskarte aber eingezeichneten Weg zurück zur Forststrasse. Es ist ein kleines Abenteuer, das Trittsicherheit und Schwindelfreiheit erfordert. Dank griffiger Wurzelstöcke von Bäumen, die hier seit vielen Jahren der Schwerkraft trotzen, ist der Aufstieg aber gefahrlos zu meistern. Auf einer Krete wird das Gelände flach. Förster haben hier einige Bäume aus dem Wald geholt. Die Natur nimmt es als Geschenk des Himmels. Am Boden wachsen lichtliebende Pflanzen um die Wette.

Unweit der Neckermündung bei Lütisburg, gleich gegenüber der 1789 erbauten Holzbrücke, ergiesst sich das Wasser des Gonzenbaches in die Thur. Es sind nur ein paar Schritte auf einem Fahrsträsschen, vorbei am Wasserrad einer stattlichen ehemalige Mühle, durch einen zauberhaften kleinen Garten (die Eigner bitten um rücksichtsvolle Begehung) zu einem Wasserfall, der sich auf einem schmalen Pfad umgehen lässt. Ein Wehr leitet einen Teil des Flusswassers in eine Turbine zur Stromgewinnung.

Als die ersten Spinn- und später Webmaschinen die Handarbeit mehr und mehr in den Hintergrund rücken liessen, entstanden auch im Toggenburg die ersten Fabriken. Hier gab es billiges Personal – und billige Energie. Es waren die Thur und ihre Nebenflüsse, die über eine komplexe Räder- und Riemenmechanik noch bis weit ins 19. Jahrhundert hinein die ersten Maschinen antrieben. Heute erinnern nur noch wenige erhaltene Fabrik-

bauten an diese Epoche. Die Thur hat ihre Bedeutung als Antriebs- und Energiequelle weitgehend eingebüsst. Am Gonzenbach beginnt das Naturparadies gleich beim Wehr. Genau bis hierhin fliesst der Bach von seiner Quelle ungestört in seinem tief in die Landschaft eingeschnittenen Bett. Bei niedrigem Wasserstand kann man seinem Lauf gefahrlos folgen und es sich auf einer Kiesbank gemütlich machen. Man bleibt, ganz anders als am beliebten Badeplatz an der Thurbrücke, weitgehend ungestört. Ulrich Bräker (1735–1798) kommt einem in den Sinn. Er schrieb in «Der arme Mann im Tockenburg»: «Hinter meinem Haus rinnt ein Bach herab, der Thur zu, der aus einem romantischen Tobel kömmt, wo er über Steinschrofen daherrauscht. Sein jenseitiges Ufer ist ein sonnenreiches Wäldchen, mit einer hohen Felswand begränzt. In dieser nisten alle Jahr' etliche Sperber und Habichte in einer unzugänglichen Höhle.»

Still wie zu Bräkers Zeiten ist es bis heute in weiten Teilen dieser abwechslungsreichen Landschaft geblieben, die sich für eine Wanderung geradezu anbietet. Doch anders als in den Tälern der inneren Alpen, deren Flanken man fast ohne Höhenunterschied stundenlang folgen kann, muss im Toggenburg mancher Schweisstropfen vergossen werden, um das Tal in seiner Längsrichtung zu erkunden. Dieses unruhige Relief sorgt für ständig wechselnde Ausblicke. Das Tal erstreckt sich von Wil bis nach Wildhaus. Das voralpine Hügelland wandelt sich nach einigen Höhenstufen bei Stein, wo das in nord-südlicher Richtung führende Tal einen abrupten Knick in Richtung Osten macht, hin zum alpinen Vorgebirge. Auf der von der Sonne verwöhnten Seite erstreckt sich der Alpstein, auf der Südseite sind es die Churfirsten, eine Kette mächtiger Felsstöcke. Und in der Mitte fliesst die Thur, mal wild und ungebändigt durch tiefe Schluchten, mal friedlich dahinströmend, mal fröhlich rauschend. Dieser Fluss hat an seinem natürlichen, von grosser Dynamik geprägten Oberlauf so viele Gesichter wie die Landschaft, die er geformt hat.

Erdgeschichtlich ist das Toggenburg jung, blutjung. Vor 18 Millionen Jahren hätte sich Ulrich Bräker von seinem erhaben über Wattwil liegenden Geburtshaus noch an einem träge dahinfliessenden Seitenarm des Rheins erfreut – bei Temperaturen, die um etwa zehn Grad höher lagen als heute. Der Rhein schiebt riesige Mengen an Geröll aus den Bergen im Süden. Gleichzeitig hebt sich im Bündnerland eine Kalkschicht – es ist versteinerter ehemaliger Meeresboden – und wird nach Norden geschoben, über die Geröllberge des Rheins. Das ist die Geburtsstunde des Alpsteins und der Churfirsten, es wird aber bei einer Geschwindigkeit von wenigen Zentimetern pro Jahr noch Jahrmillionen dauern, bis sie ihre heutige Höhe erreichen. Die Geröllschichten des Rheins zerbrechen unter dem Druck, sie werden übereinandergeschoben und bilden, schräg gestellt, eine Kette von Nagelfluhbergen: Speer, Stockberg, Kronberg. Der Rhein muss sich einen neuen Weg durch das

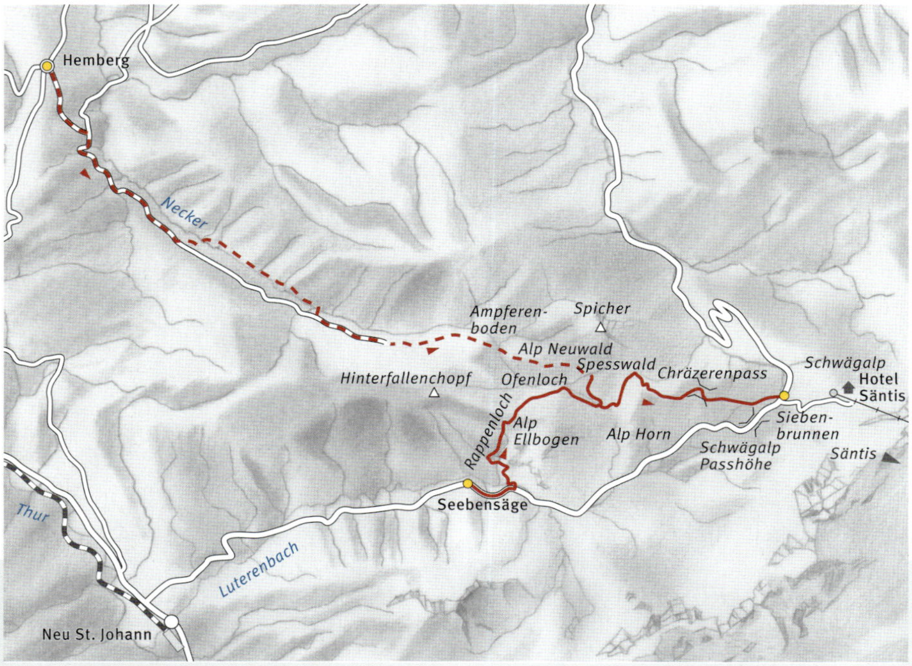

WO DIE BÄCHE DURCH NAGELFLUHSCHLUCHTEN BRODELN

Ausgangspunkt ist die Postautohaltestelle Seebensäge. Nach kurzem Gang entlang der Passstrasse links über die Brücke den Luterenbach überqueren, dann rechts den Hang queren. Der Weg mündet nach wenigen Hundert Metern in einen gut ausgebauten Bergweg, der durchs Rappenloch hinauf zur Alp Ellbogen führt. Auf halber Höhe vor einer Brücke rechts dem Wanderwegschild folgen, kurz darauf erneut links halten Richtung Ellbogen. Von der Alp für fünf Minuten auf der Forststrasse in Richtung Alp Horn gehen, dann, nach einer Rechtsbiegung, dem Wanderwegschild «Neuwald» folgen und in die Schlucht absteigen. Danach steigt man entweder zur Alp Neuwald auf und wandert über den Chräzerenpass zur Schwägalp. Oder man geht (sehr ausgesetzt) zum Spesswald und weiter zur Schwägalp. Die Wanderung ist mit Kleinkindern nicht zu empfehlen. Gutes Schuhwerk und Trittsicherheit sind unabdingbar.

ANREISE Mit dem Postauto ab Nesslau Richtung Schwägalp bis Seebensäge; oder, aus Urnäsch kommend, via Schwägalp bis Seebensäge

RÜCKREISE Postauto ab Schwägalp in Richtung Nesslau oder Urnäsch

WANDERZEIT 3 Std. 30 Min. bis 4 Std.

HÖHENDIFFERENZ 800 m Aufstieg, 400 m Abstieg

SCHWIERIGKEIT Anspruchsvoll

KARTE Landeskarte 1:25 000, 1114 Nesslau

ESSEN UND UNTERKUNFT Hotel Säntis, Schwägalp: Telefon 071 365 66 00, www.saentisbahn.ch/hotel. Das 2015 eröffnete Hotel am Fusse der Säntis-Schwebebahn bietet einen gelungenen, modernen Kontrapunkt zur hässlichen Zweckarchitektur vor allem auf dem Gipfel des Säntis. Sehr gute lokale Küche.

VARIANTE Das Ofenloch lässt sich zu Fuss von Hemberg aus erreichen (rund 6 Std. Gehzeit). Der Weg führt am Ampferenboden durch das Flussbett des Necker; nicht ganz ungefährlich, nur bei guten Wetterbedingungen, mit sehr gutem Schuhwerk und ohne Kleinkinder.

INFORMATIONEN Unterlauf: Thurgau Tourismus, Amriswil: Telefon 071 531 01 31, www.thurgau-bodensee.ch. Oberlauf: Toggenburg Tourismus, Wildhaus: Telefon 071 999 99 11, www.toggenburg.org

heutige Rheintal bahnen. Dafür entspringt jetzt am Fuss des Alpsteins die Thur. Während mehrerer Eiszeiten formen gigantische Gletscher Täler und Seitentäler: Das Toggenburg entsteht, mit dem Thurtal als Haupttal. Mehrere Steilstufen erinnern an verschiedene Vorstösse der eiszeitlichen Gletscher – es sind die Endmoränen, die vom Wasser durchbrochen werden mussten.

Heute lässt es sich vorzüglich im ganzen Toggenburg wandern, auf einem Wegnetz, das keine Wünsche offenlässt. Das gilt auch für die Thur, die sich auf einem bestens markierten Weg von der Quelle bis zur Mündung abschreiten lässt, manchmal entlang lärmiger Strassen, oft aber nur wenige Schritte davon entfernt in einer ganz anderen Welt, die an Bräkers Zeiten erinnert. Die Thur entspringt gleich zweimal, als Wildhauser Thur und als Säntisthur oberhalb von Unterwasser, wo sie sich in einem spektakulären Wasserfall nur wenige Meter oberhalb des Dorfkerns von ihrer schönsten Seite

zeigt. Vor allem im Frühsommer ist das Schauspiel dank viel Schmelzwasser spektakulär und kann von drei übereinanderliegenden Galerien aus bewundert werden.

Bei Unterwasser vereinigen sich die beiden Quellflüsse, danach fliesst die Thur friedlich durch eine Ebene, vorbei an Alt St. Johann. Nach Starkenbach folgt einer der schönsten Abschnitte mit einem der letzten Auenwälder. Unterhalb von Stein wandert man ein Stück weit auf dem alten Saumweg. Er ist durch das ihn begleitende Mauerwerk gut zu erkennen. Danach gilt es abzusteigen zum Thurlauf, der sich hier durch eine spektakuläre Waldschlucht zwängt. In luftiger Höhe wird ein mehrere Meter hoher Wasserfall auf einer Hängebrücke überwunden. Nach kurzem Aufstieg gelangt man nach Germen, um gleich nochmals abzusteigen zur Thur. Die folgenden Abschnitte von Nesslau nach Krummenau und weiter nach Ebnat-Kappel zählen zu den beliebtesten des Thurwegs. Hier wechseln sich weitere und engere Flussabschnitte in bunter Reihenfolge ab.

Danach lohnt sich ein Abstecher nach Hemberg, schon wegen der schönen Aussicht, und weiter nach Wattwil. Man kann aber auch der Thur folgen. Vor allem die Abschnitte zwischen Ganterschwil und Jonschwil lohnen sich. Zu sehen gibt es die wild mäandrierende Flusslandschaft des hier schwer zugänglichen Necker. Zwischen Jonschwil und Schwarzenbach fliesst die Thur noch immer dreissig bis fünfzig Meter eingetieft. Hier finden sich die schönsten Badeplätze. Im Sommer ist an heissen Tagen einiges los. Der Rummel verdeutlicht den Zeitenwandel. Das Toggenburg – und die Thur – sind Naherholungsraum und beliebtes Touristenziel gleichermassen. Dass Tal und Fluss den urtümlichen Charakter vor allem im Oberlauf noch weitgehend bewahrt haben, ist auch den Toggenburgern selbst zu verdanken. Ein eigensinniger Menschenschlag, wie schon Ulrich Bräker wusste. Vor 250 Jahren schrieb er: «Mein Vaterland ist das Tockenburg, dessen Einwohner von jeher als unruhige Leute verschrien waren. Allerorten, soweit ich gekommen bin, hab ich ebenso grobe, wenn nicht gröbere, ebenso dumme, wenn nicht viel dümmere Leute angetroffen.» (FI)

TÖSS-MÜNDUNG
Wilde Flussschönheit

Auf ihren letzten Kilometern bis zur Mündung in den Hochrhein zeigt sich die ansonsten stark beeinträchtigte Töss von ihrer besten Seite: als wilde Flussschönheit und als Refugium seltener Arten.

In leicht schrägem Winkel liegt die stattliche Weide über der Töss, ihre jüngere Nachbarin hat sie von ihrem Hochsitz am Steilufer mitgerissen. Jetzt überspannen die beiden Stämme den Fluss, der hier in einer markanten Schleife zur Rheinmündung zieht. Ein Sturmwind? Das kann nicht sein, dazu stand der Baum zu gut geschützt. Bei näherer Betrachtung zeigen sich an der Basis des Stammes die Nagespuren von Bibern. Sie sind zurückgekehrt in den Mündungsbereich der Töss. Am gegenüberliegenden Flachufer finden sich in einem Auenwäldchen eine ganze Reihe Stämme, an denen sich die Nagetiere gütlich getan haben.

Fünf Kilometer flussaufwärts hebt ein Graureiher aus der Töss ab und entschwindet rasch. Der Fluss hat sich hier fünfzig Meter tief eingegraben, er zieht in weiten Mäandern vorbei an steilen Felswänden und bewaldeten Uferhängen. In seinem Bett hat er Kiesbänke geschaffen, manche nur für kurze Zeit, manche halten sich so lange, dass sie zu bewachsenen Inseln mit üppiger Vegetation werden. Neben einer Kiesbank leuchtet es orange vom Flussgrund. Es sind Tontauben, die Hinterlassenschaft von Jagdschiessübungen, die auf einem flussnahen Gelände seit 1965 durchgeführt werden. Auch der ganze Waldboden ist übersät mit Wurfscheiben, von denen erstaunlich viele unbeschädigt sind. Zwischen zehn und dreissig Zentimeter misst diese «Bodenschicht». Das haben die Autoren eines Statusberichtes im Auftrag des Kantons Zürich festgestellt. Die Belastung mit 250 Tonnen Blei, einer halben Tonne des wasserlöslichen Antimons und bis zu 24 Tonnen des krebserregenden PAK ist hoch, das Grundwasser zeigt massive, grossflächige Belastungen. Aus altlastenrechtlicher Sicht sei eine Wiederherstellung des ursprünglichen Zustandes angezeigt, schreiben die Experten. Die Empfehlung ist unmissverständlich: Ein langfristiger Weiterbetrieb sei nicht möglich und eine Sanierung unumgänglich. Der Bericht erschien 2009, aber noch immer lässt die Sanierung auf sich warten. Dabei sind die Töss-Auen seit 2003 ein Auengebiet von nationaler Bedeutung. Nachdem die zuständige Zürcher Regierung zuerst von 2015 sprach, soll es jetzt erst 2019 so weit sein, weil sich der Bau eines neuen Jagdschiessplatzes bei Bülach verzögert hat. Während in einigen Kantonen das Liegenlassen von Abfällen mit Bussen geahndet

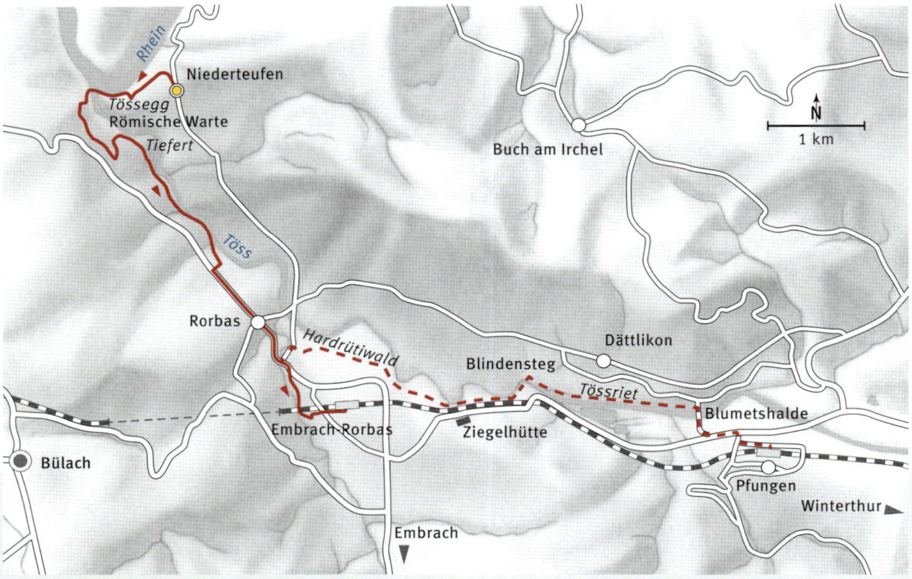

«KLIPPEN-WANDERUNG» VON DER TÖSSEGG NACH RORBAS

Von Niederteufen steigt man ab via römische Warte (Ruine eines römischen Wehrturms) zur Tössegg und überquert die Fussgängerbrücke. Man folgt kurz dem Rhein, bis man scharf links auf einen Treppenweg abbiegen kann. Auf halber Höhe gehts nochmals links, wo man in einen herrlichen Hohlweg mit fantastischen Ausblicken auf die Tössegg einbiegt. Nach einigen Kehren folgt man einer breiten Forststrasse stets in der Nähe der Töss. Bei Tiefert führt eine Stichstrasse in die Nähe des Ufers. Weiterhin bleibt man auf dem Forstweg bis Rorbas und wandert durch das Dorf bis zum Bahnhof Embrach-Rorbas.

ANREISE Von Embrach-Rorbas mit dem Bus bis «Teufen ZH, Unterteufen»

RÜCKREISE Von Embrach-Rorbas mit dem Zug in Richtung Winterthur oder Bülach

WANDERZEIT 2 Std.

HÖHENDIFFERENZ 150 m Auf- und Abstieg

SCHWIERIGKEIT Leicht, stellenweise mittel

KARTEN Landeskarte 1:25000, 1051 Eglisau, 1071 Bülach

ESSEN UND UNTERKUNFT Restaurant Tössegg, Teufen: Telefon 044 865 65 55, www.toessegg.ch. Gemütliches, klassisches Ausflugsrestaurant mit Gartenwirtschaft, bürgerliche Küche.

VARIANTE Die Wanderung kann um zwei Stunden verlängert werden. Dabei in Rorbas den Wildbach kurz vor seiner Mündung in die Töss überqueren, durch den Hardrütiwald und auf schönem Weg links der Bahnlinie weiterwandern. Abstieg zum Blindensteg, diesen überqueren und am nördlichen Ufer weiter via Tössriet bis Blumetshalde. Dort wieder die Flussseite wechseln zum Bahnhof Pfungen.

INFORMATIONEN Gemeinde Freienstein-Teufen: 044 866 34 00, www.freienstein-teufen.ch

wird, gilt hier, so die Lesart der Behörden, ein höheres Rechtsgut: die Schiessausbildung der Jägerinnen und Jäger. Und während die Schiessplätze der Armee auf Kosten der Verursacherin saniert werden, muss hier der Kanton bezahlen.

Die Töss-Auen haben einen besseren Schutz verdient, denn an ihrem Oberlauf ist die Töss bereits relativ stark beeinträchtigt: Mehrere Wasserentnahmen von Kraftwerken haben die natürliche Abflussdynamik verändert, Abwasserreinigungsanlagen und das Siedlungsgebiet der Stadt Winterthur beeinträchtigen die Wasserqualität. Bei einigen Fischen in der Töss fand sich der organische Giftstoff PCB, vermutlich Auswirkungen einer früheren Deponie. Dazu kommen viele in den Fluss gebaute Schwellen.

Ganz anders die Töss-Auen die noch zu den echten Gewässerperlen gehören: Hier ist der Uferbereich nur an wenigen Stellen überhaupt zugänglich und sollte auch nicht betreten werden. Denn in diesem artenreichen Gewässer legen vor allem sogenannte Kieslaicher ihre Eier ab: Äsche, Barbe und auch die rare Nase brauchen den lockeren Kies, wie er sich hier häufig findet. Auch Lachse laichten hier einst ab, und es ist heute keine Utopie mehr, dass sie nach über einem Jahrhundert zurückkehren könnten. Die Töss wäre bereit, sie aufzunehmen, es mangelt aber vor allem am Hochrhein noch an Fischtreppen und anderen fischfreundlichen Massnahmen – auch wenn sich einiges getan hat. Der WWF engagiert sich seit Jahren in der langfristig angelegten Kampagne «Lachs Comeback».

Die Mündung der Töss in den Rhein (rechts), wo linker Hand eine wuchtige Felswand in die Höhe ragt (unten rechts). Von oben ist die Aussicht im Herbst grandios (unten links).

Die Fische teilen sich die Töss-Auen mit vielen anderen Tierarten wie dem Fadenmolch, dem Feuersalamander oder der Ringelnatter. Die Töss-Auen sind aber nicht nur Natur-, sondern auch Kulturlandschaft. An den Sonnenhängen wird Wein angebaut, auf der anderen Seite weiden Kühe, und auch die Wälder werden bewirtschaftet. Als Ausflugsziel sehr beliebt ist vor allem die Tössegg, wo der Fluss an der Spitze eines Hochrheinknies in den grossen Strom mündet, eine Flusslandschaft von fast einmaliger Schönheit bildend. Hier gibt es immer wieder Nutzungskonflikte, zumal es nach wie vor an einer Schutzverordnung mangelt. Auen-, Natur- und Landschaftsschutzanliegen treffen auf jene von Landwirtschaft und Tourismus. Mit dem Entwicklungskonzept «Zukunft Tössegg» scheint nun ein für alle Seiten tragbarer Kompromiss gefunden zu sein. So wird namentlich die Töss-Mündung mit dem Verzicht des Kiesabbaus ökologisch aufgewertet. Dieser war wegen des nahen Fährenanlegeplatzes notwendig. Mit der Verschiebung der Anlegestelle wird das Problem gelöst. Am Grundsatz, die Zugänglichkeit des Gebietes trotz Schutzanliegen für alle zu erhalten, hat sich nichts geändert. Dennoch werden die Schutzzonen erstaunlich gut respektiert. So bleibt die Töss auf ihren letzten Kilometern, was sie schon immer war: eine wilde Flussschönheit. (FI)

REUSS

Pendeln zwischen Zivilisation und Natur

Viele kennen die Reuss nur als Teil der Luzerner Postkartenkulisse. Dabei entwickelt sie am Flussunterlauf in den Kantonen Aargau, Zug und Zürich eine eigene, wilde Schönheit. Daran ändern auch ein paar Flusskorrekturen nichts.

«Manchmal gehe ich nachts hierher und geniesse das Froschkonzert.» Nikolaus Peyer arbeitet bei der Stiftung Reusstal und ist für die Umweltbildung zuständig. Die Stiftung besitzt in Rottenschwil südlich von Bremgarten ein kleines Museum samt Bildungszentrum und organisiert auch Exkursionen. Zum Beispiel zur Stillen Reuss ganz in der Nähe. Das sind durch die Begradigung der Reuss isolierte Schlaufen, die dank dem Grundwasser immer noch wasserreich sind. Die Stille Reuss legt sich hufeisenförmig an das westliche Reussufer, ohne direkten Kontakt zwar, aber nur einen Steinwurf entfernt und durch einen Damm getrennt. Sie ist ein vielseitiger Lebensraum für jene Tiere und Pflanzen, die ein stehendes Gewässer vorziehen. Die vielen Amphibien locken auch Störche an, die in beachtlicher Zahl hier brüten. Ringelnattern finden im ganzen Reusstal einen geeigneten Lebensraum und auch den Bibern gefällt es. Sie wandern langsam südwärts in Richtung Vierwaldstättersee. Dennoch tun sich viele Fische und andere Tierarten im Reusstal schwer. Das hat mit der Isolation der Reuss selber zu tun, die meist zwischen Dämmen eingezwängt fliessen muss.

Aus Hochwasserschutzgründen hat man deshalb die schönsten Kiesbänke und wichtigsten Lebensräume für Nase, Äsche, Barbe und andere Kieslaicher ausgebaggert. Verschiedene geplante Revitalisierungsprojekte bieten nun die Gelegenheit, den Lebensraum für viele Arten zu verbessern. Das Potenzial ist gross. Die Wiedervernetzung mit abgekoppelten Auenwäldern wäre nicht nur ein ökologischer Gewinn; die Auen könnten auch Wassermengen aufnehmen, die anderswo grosse Schäden anrichten würden.

Um Missverständnissen vorzubeugen: Die Reuss hat es besser als der Alpenrhein, wo das Wasser in einem

Das Reusstal ist im Vergleich zu anderen Flusstälern des Mittellands noch naturnah. In seinem Zentrum liegt das pittoreske Bremgarten (rechts). Unterwegs nach Mellingen (links unten) und zum Mündungsgebiet finden sich auch wilde Waldabschnitte.

Restaurant Bijou

Der Biber gehört auch an der Reuss zu den Rückkehrern und hinterlässt deutliche Spuren. Neben dem Biber fühlt sich hier auch die Europäische Sumpfschildkröte wohl.

messerscharf geschnittenen Bett und in einer kahlen Umgebung dem Bodensee entgegenfliesst. Dort ist bestimmt jeder einzelne Wassertropfen dankbar dafür, die Strecke zwischen Sargans und dem Bodensee endlich hinter sich zu haben. Die Reussanrainer waren in der grossen Dammbauzeit des 19. Jahrhunderts weniger konsequent. Viele Pläne und Projekte blieben in der Schublade. Entstanden ist so ein Mosaik an Korrektionen und natürlich belassenen Abschnitten, die so etwas wie eine Perlenkette bilden: Da gibt es viele Juwele wie etwa das Maschwander Ried, eine grossflächige sumpfige Landschaft, diverse Naturschutzgebiete bei Merenschwand und Rottenschwil, wo auch die Stille Reuss und der Flachsee liegen, sowie nördlich von Bremgarten die erwähnte neue Seelandschaft im Hegnaubogen, die Tote Reuss und viele andere Naturschutzgebiete. Zwischen 1971 und 1985 wurden aber umfassende Sanierungen durchgeführt, damit die Landwirtschaft die Böden besser nutzen konnte. Darunter litt die Biodiversität, denn jede Korrektur eines dynamischen Flusssystems führt zu einem Lebensraum- und Artenverlust. Für Laien ist das nicht immer sichtbar, aber der dürftige Fischbestand sollte ein Ansporn sein, durch weitere Revitalisierungsmassnahmen auch selten gewordenen Fischarten wieder eine Heimat zu bieten. Dafür braucht es seichte, überströmte Schnellen, Flachwasserzonen, Seitengerinne und Flussverbreiterungen. Und das alles braucht Platz.

Trotz der Defizite: Die Reuss ist für den WWF zumindest in Teilen eine Gewässerperle. Sie ist eines der wenigen grösseren Schweizer Gewässer, die lange, frei fliessende Strecken aufweist. Stellenweise renaturierte Abschnitte bieten schöne Lebensräume. Das haben sogar Mittelmeermöwen entdeckt, die immer häufiger zu Gast sind. Aber auch Kormorane brüten hier – ein Hinweis darauf, dass noch Fische da sind. Kiebitz, Graugans, Blässgans, Silber-, Seiden- und Löffelreiher gehören zu jenen Vogelarten, die in mehr oder weniger gesicherten Beständen vorhanden sind. Und an abgerutschten Uferpartien, die es natürlicherweise noch gibt, versucht sich der Eisvogel einzunisten. Sogar die Europäische Sumpfschildkröte ist im Reusstal noch heimisch.

Die Reusslandschaft ist als fünfunddreissig Kilometer langer Korridor im Bundesinventar der Landschaften und Naturdenkmäler von nationaler Bedeutung (BLN) aufgelistet.

Im Zentrum liegt Bremgarten. Es ist ein harmonisch gebautes, historisches Städtchen, das auf einer Moräne liegt, um welche die Reuss eine pittoreske Schlaufe zieht. Gleichzeitig gibt es aber auch ein dominantes Wasserkraftwerk, das den natürlichen Flussverlauf stark verändert hat. In den verwinkelten Gassen von Bremgarten haben die Bewohner viele kleine, grüne Gartenparadiese geschaffen. Immer wieder sind auch Adler-Wappen zu sehen, ein Hinweis auf die ehemalige habsburgische Herrschaft.

Das kontinuierliche Bevölkerungswachstum in der Region erhöhte den Druck auf die Reuss, und umgekehrt sorgte auch der Fluss für Konflikte, denn er war eine wichtige Verkehrsachse und alle wollten profitieren. Ob Schifffahrt, Fähren, Brücken oder Fischereirechte: Die Reuss verschaffte Einkommen, Arbeit und Nahrung. Damals gehörten Lachse noch zu den häufig gefangenen Fischen, und es ist das Ziel der Umweltorganisationen, dass es dereinst wieder so sein wird. Es ist noch nicht so lange her, dass dieser grosse Fisch verschwunden ist. Ältere Bewohner können sich noch an die Lachsaufstiege erinnern. Die Fischereirechte – noch heute Fischenzen genannt – erstrecken sich auf beiden Seiten des Ufers entlang. Wie die Fährrechte zeigen sie, dass der Fluss und seine Uferregionen für die Menschen einen attraktiven Lebensraum bildete – trotz der Überschwemmungsgefahr.

Natürlich hatten die Schiffer wenig Freude an den ins Wasser hinausgebauten Fangvorrichtungen. Es waren eigentliche Wehre mit Rutengeflechten, Fache genannt, welche die Fische in Reusen leiteten. Diese Fischfangvorrichtungen behinderten die Schifffahrt vor allem bei tiefem Wasserstand. Weil die Reuss eine «freie Reichsstrasse» war, mussten die Fischer dafür sorgen, dass ein Drittel der Flussbreite für den Schiffsverkehr offen blieb. Die Fischenzen an der Reuss waren alle in den Händen von Berufsfischern; ein Fangrecht für Bauern oder Städter gab es nicht.

Noch im 15. und 16. Jahrhundert wurde flussnahes Land nur extensiv als Viehweide genutzt. Mehrheitlich war es als Allmend in Gemeindebesitz. Mit der Bevölkerungszunahme ab dem 16. Jahrhundert wurde aber die Nutzung des flussnahen Landes intensiviert, und neue Dörfer entstanden nahe an der Reuss, mit entsprechenden Folgen durch die Hochwasser. Das löste eine wachsende Wehrbautätigkeit aus: Die Ufer wurden mit Baumstämmen und Flechtwerk aus Gestrüpp und Ästen geschützt, zum Teil geschieht dies heute noch so. Als wichtigste Mittel des Uferschutzes galten die Streich- und Schupfwehre: Mit Streichwehren versuchte man den Fluss zu leiten und ihn vom Einbrechen landeinwärts abzuhalten. Schupfwehre ragten in den Fluss hinaus und versuchten die Flussströmung an das andere Ufer zu lenken oder eben zu «schupfen».

Alte aargauische Rechtsquellen belegen viele Schiedssprüche über Schupfwehre, denn beidseitig der Reuss versuchten die Dorfbewohner, den Fluss jeweils auf die andere Seite zu lenken. Was den Men-

Die malerische Fassadenansicht von Mellingen (links) vermittelt einen Eindruck davon, wie das Leben am Fluss einst war. Rechts das Wehr von Windisch.

schen bis weit ins 19. Jahrhundert nicht bewusst war: Das Abholzen der Wälder im Einzugsgebiet des Flusses verschärfte die Überschwemmungen. Zeitgenössische Schilderungen sind eindrücklich: Die hochgehenden Fluten schwemmten Kulturland weg, entwurzelten Bäume, rissen Stege, Scheunen und ganze Ställe samt Tieren mit sich, brachten Brücken zum Einsturz und untergruben Fundamente von massiven Gebäuden. Doch das war jeweils schnell wieder vergessen: Schon bald nutzten die Menschen das durch Überschwemmungen fruchtbar gemachte Kulturland noch intensiver, und sie legten grosse Auenwälder trocken. Damit wuchs das Risiko von Schäden bei Überschwemmungen erneut, denn Auenwälder und natürliche Flächen zur Überflutung sind der beste Puffer, um grosse Schäden zu vermeiden.

Mit dem 1975 erbauten, mächtigen Stauwehr in Bremgarten hat die Reuss viel von ihrer Dynamik verloren. Zudem ist das Wehr leider auch ein Wanderhindernisfür die Fische; es versperrt ihnen den Weg in die obere Reuss und ihre Zuflüsse – und umgekehrt. Wenn der Lachs irgendwann zurückkehren soll, muss hier noch einiges investiert werden, damit die Jungfische den Abstieg wieder schaffen.

Heute ist die Reuss auch ein wichtiges Naherholungsgebiet. Der durch die Stauung beim Kraftwerk Bremgarten entstandene Flachsee ist im Sommer ein Badeparadies und beherbergt auch einige wertvolle Vogelarten. Ausserdem gibt es rund vierzig ökologisch wertvollere Gebiete, die sich zwar wie ein Mosaik über ein Dutzend Kilometer der Reuss entlang ziehen, die aber nicht immer ideal vernetzt sind. Überwacht wer-

Sobald sie das Mittelland erreicht hat, wird die Reuss mächtig und im Sommer dank der Schneeschmelze wasserreich.

den sie von fünfzehn freiwilligen Rangern, die hier oft mit dem Fahrrad unterwegs sind.

Einer davon heisst Andreas Felber. Seit mehr als zwanzig Jahren setzt er sich dafür ein, dass die Regeln in den Schutzgebieten eingehalten werden. «Ich bin kein Biologe», sagt er, aber das ändert nichts daran, dass «der Fluss in meinem Leben eine wichtige Rolle spielt». Felber ist Produktionsleiter in einem Industriebetrieb, aber in seiner Freizeit zieht ihn die Reuss magisch an. Bei der Putzete einer Flussinsel hat er vor mehr als zwei Jahrzehnten sein Herz für das Gewässer entdeckt. Damals ging es darum, die Lebensbedingungen für den Flussregenpfeifer zu verbessern. Inzwischen ist bei Felber viel Wissen über die Dynamik eines Flusses hinzugekommen. Ein- bis zweimal monatlich patrouilliert er als Ranger im Auftrag von «Information und Aufsicht Reusstal». Die Aufgabe der Ranger ist es, dem Reussdekret, einer Schutzverordnung, die notwendige Beachtung zu verschaffen. Die Kontrolle scheint leider notwendig. Am Flussufer oder in einem der Naturschutzgebiete vergessen die Besucher manchmal, wo sie sind: Sie lärmen, hinterlassen Abfall und verlassen die Wege.

Aber wenn dann wieder alles in Ordnung ist, dann lassen sich selbst mitten im Mittelland jene Momente geniessen, wo man sich tief in die Natur integriert fühlt. Doch es bleiben kurze Augenblicke, denn schon ist die nächste Strassenbrücke zu sehen, oder eine Hors-Sol-Gemüseanlage, ein Gewerbebetrieb oder eine Kläranlage.

Das Nebeneinander von Zivilisation und Natur ist dennoch sehr reizvoll, und meist ist eine Wanderung entlang der Reuss durchaus idyllisch. Etwa von Bremgarten in Richtung Norden. Ein Eichhörnchen klettert der Falllinie eines Baumes entlang nach unten und überquert den schmalen Uferweg. Vögel zwitschern, und die Reuss rauscht, wie das nur grosse Flüsse können. Auf dem bewachsenen Damm wurzeln Bäume, die ihre Äste dem Wasser entgegenstrecken, genau wie auf der wasserabgewandten Seite des Weges. Dadurch entstehen immer wieder reizvolle Tunnels aus Ästen, unter denen der Weg hindurchführt.

Im Sommer ist diese Beschattung angenehm kühlend. Dafür ist der Blick auf den Fluss nicht frei. Der Uferweg ist deshalb auch im Winter zweifellos sehr stimmungsvoll, wenn der Blick offener und der Weg heller ist. Ab und zu sieht man am Damm kleinere Abbrüche. Wo sie weiter erodieren, fallen manchmal Bäume ins Wasser und es entstehen sandige Nischen. Sie eignen sich für Füchse, um Höhlen zu bauen, und im Sommer für Badende, um sich auszuruhen. Nach einem Schiessplatz taucht in der Flussmitte eine lang gezogene Insel auf. Von hier ist es nicht mehr weit zum Hegnaubogen, einer renaturierten Teichlandschaft, die gegenüber der Gemeinde Eggenwil liegt. Der neue See ist erst wenige Jahre alt, doch die Amphibien haben ihn bereits in Beschlag genommen. Mit seinen maximal sechs Meter Wassertiefe und den Flachwasserzonen

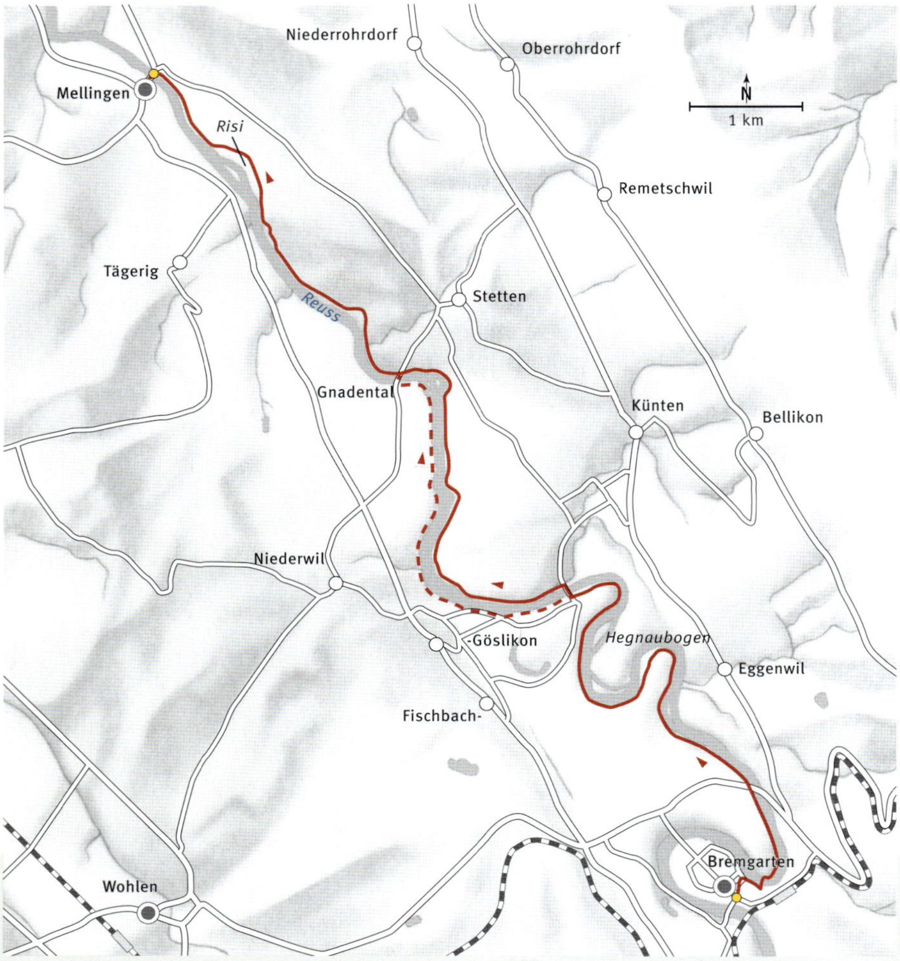

DURCH DIE REUSSSCHLAUFEN VON BREMGARTEN NACH MELLINGEN

Bremgarten ist ein guter Ausgangspunkt für eine Reusswanderung. Die vorgeschlagene Route der Flussrichtung entlang bis Mellingen ist fünfzehn Kilometer lang und wurde von der Neuen Zürcher Zeitung auch schon als Sonntagsspaziergang gepriesen. Die Strecke gehört zum «Aargauer Weg» und kann auch unter www.schweizmobil.ch eingesehen werden. Das Filetstück des Reussuferweges bietet eine grüne Oase inmitten des zersiedelten Mittellandes. Der Weg ist abwechslungsreich; im Prinzip kann man auf beiden Uferseiten gehen. Doch zwischen den Brücken bei Bremgarten und jener beim Kloster Gnadental liegen gut zehn Kilometer ohne Überquerungsmöglichkeit. Bei Fischbach gibt es zwar eine Fähre, sie ist aber nur von April bis Oktober und an den Wochenenden in Betrieb. In der Nähe von Mellingen liegt das Waldreservat Risi, zu dem auch eine bewaldete Flussinsel gehört. Türkisblaue Libellen verstricken sich in Revierkämpfe, Amphibien und Frösche machen sich bemerkbar – es ist ein kleiner Urwald mit Totholz, der sich hier ausbreitet. Nachtigall, Flussuferläufer, Flussregenpfeifer und Bergpieper, aber auch Pflanzenarten wie Wunder-Veilchen oder Schmerwurz haben hier eine Heimat gefunden.
Mellingen ist ein sehenswertes Städtchen mit mittelalterlichem Kern. Der von den Kyburgern gegründete Ort ist wie der Rest des Reusstals von einer Moränenlandschaft geprägt. Ausgerechnet nördlich von Mellingen soll eine grosszügige Brücke für eine Umfahrungsstrasse zu stehen kommen. Der WWF setzt sich mit anderen Umweltorganisationen für eine sanftere Lösung ein und will, dass auch andere Varianten geprüft werden.

ANREISE Mit dem Zug nach Bremgarten AG, je nach Fahrplan und Reisezeit über unterschiedliche Linien

RÜCKREISE Postautos verschiedener Linien ab Mellingen

WANDERZEIT 3 Std. 30 Min.

HÖHENDIFFERENZ 150 m Auf- und Abstieg

SCHWIERIGKEIT Leicht

KARTE Landeskarte 1:25000, 1090 Wohlen

ESSEN Limalimón Restaurant & Tea Shop, Bremgarten: Telefon 056 631 45 45, www.lima-limon.ch. Hervorragende vegetarische Küche, kulturelle Aktivitäten.

UNTERKUNFT Marco Polo Business Apartments – Sonne Bremgarten, Bremgarten: Telefon 056 618 56 56, www.marcopoloaparments.ch. Gediegen zwischen Reuss und Altstadt gelegen.

VARIANTE Eine Bootsfahrt auf der Reuss, geführt oder auf eigene Faust. Beispielsweise von Bremgarten nach Gebenstorf oder Streckenabschnitte davon. Bootsmiete u. a. bei: Kayakfun, Mellingen: Telefon 056 470 61 61 oder 079 727 62 42, www.kayakfun.ch.

INFORMATIONEN Bremgarten Tourismus: Telefon 056 648 33 33, www.bremgarten-tourismus.ch

Die Abwechslung zwischen Abschnitten mit starker Strömung und ruhigen Gewässern schafft einen Lebensraum für zahlreiche Tier- und Pflanzenarten.

bietet er zahlreichen Tieren eine Heimat, die es sonst an der Reuss eher schwer haben.

Auf der anderen Seite des Flusses und unweit von Eggenwil liegt das 9,5 Hektar grosse Schutzgebiet Foort mit einem kleinen Auenwald. Es ist Teil des Auenschutzparks Aargau. Kurz nach Eggenwil zieht die Reuss in nördlicher Richtung zwei markante Schlaufen, die früher in ihren Rundungen grosse Auenwälder beherbergten. Im Jahr 2000 nahmen die Gemeinde und Pro Natura einen neuen Anlauf und liessen im Rahmen von Renaturierungsmassnahmen wieder eine Auenlandschaft entstehen. Neben dem Biber kann hier auch der Eisvogel wieder heimisch werden. Immer wieder sind in der Uferzone Bunker zu sehen. Sie stammen aus dem Zweiten Weltkrieg und dienten der Überwachung der Reuss. Heute bieten sie Fledermäusen eine ideale Unterkunft. Ab und zu halten Fischer ihre Angel ins Wasser. Es beissen vor allem Forellen und manchmal Karpfen an. Auf weiten Streckenabschnitten besitzt die Reuss flache, bewaldete Streifen mit kleinen Tümpeln, die ökologische Nischen bilden.

Die Reuss ist kein Musterbeispiel für einen naturnahen Fluss. Dennoch bieten die vielen grossen und kleinen Naturschutzgebiete die Chance, zu jeder Jahreszeit interessante Beobachtungen machen zu können. Das sieht auch der Ranger Andreas Felber so: «Für mich ist der Aufenthalt an der Reuss ein wichtiger Ausgleich zu meiner Arbeit. Es entschleunigt», erklärt er. Auf seinen Patrouillen stellt er fest: «Viele Besucher wissen nicht, was erlaubt ist und was nicht.» Bei einer Übertretung suchen er und seine Kollegen das Gespräch. «Wir sind keine Polizei. Wenn wir den Sinn der Schutzmassnahmen erklären, akzeptieren dies die meisten Leute. Verwarnungen oder gar Verzeigungen an das Bezirksamt sind die Ausnahme.» Natürlich weiss Andreas Felber auch, wann es an der Reuss am Schönsten ist: «Im Frühjahr, manchmal schon im Februar, wenn das erste helle Grün durch die Erde drückt, frühe Zugvögel anfliegen und auch andere Tiere wieder aktiv werden. Dann öffnet sich das Herz von uns Rangern.» (MA)

EMME

Wo gewaltige Kräfte walten

Das Quellgebiet der Emme auf der Lombachalp und die ersten Kilometer des Baches bis zum Kemmeribodenbad machen bewusst, wie verzahnt Kultur- und Naturlandschaft sind. Und wie eindrücklich das sein kann.

Eine Gämse hat es sich auf einem grossen Felsblock unter dem Gipfel der Suggiture (2084 m) bequem gemacht, neben ihr äsen zwei weitere Artgenossen. Nur wenige Dutzend Meter weiter oben verläuft der Wanderweg, der in einer weiten Kehre zum Gipfel des Augstmatthorns (2136 m) führt, einem der schönsten Aussichtspunkte der Berner Oberländer Voralpen. Der Weg wird oft begangen, auch an diesem schönen Sommermorgen sind viele Wanderer unterwegs. Die drei Gämsböcke lassen sich nicht weiter stören. Gämsen leben bis auf die Brunftzeit in nach Geschlechtern getrennten Rudeln. Etwa drei Dutzend Männchen verbringen den Sommer in diesem steilen Hang, in der Alpzeit teilen sie sich die Weiden mit dem Rindvieh. Die Gämsgeissen leben mit ihren Kitzen einige Hundert Meter nördlich im steilen, felsigen Gelände des Emmengrabenhanges unterhalb des Augstmatthorngipfels. Sie brauchen viele Mineralstoffe, und diese finden sie an den Stellen, wo Wasser aus dem Fels austritt. Es ist eine der vielen Quellen der Emme.

Auch Steinwild, Rothirsch, Reh, Schneehase und Murmeltier leben auf der Lombachalp, in der Region vom Augstmatthorn bis zum Hohgant, dazu kommen aus der Vogelwelt unter anderem Schnee-, Auer- und Birkhuhn.

Auf dem Weg zum Augstmatthorn eröffnet sich ein prächtiger Panoramablick. Weideflächen im Talgrund, halb offene Waldflächen an den flachen Hängen, dahinter die Bergketten des Hohgant und der Sieben Hengste: eine abwechslungsreiche, naturnahe Kulturlandschaft. Das Mosaik von offenen Gebieten und Wald macht sie so wertvoll. In den tiefer gelegenen Waldlagen finden sich auf rund 1500 Metern über Meer Hochmoore. Diese Hang-Hochmoore sind mit offenen Bergföhrenwäldern und Moosen und Flechten bedeckt; sie bilden einen idealen Lebensraum für das Auerhuhn. Man unterscheidet verschiedene Moorbiotope – in Abhängigkeit von Wasserhaushalt, Torfbeschaffenheit und Gestalt – sowie der vorherrschenden Flora und Fauna. Die Hochmoorpflanzen etwa sind als wahre «Hungerkünstler» hervorragend an die nährstoffarmen Böden angepasst. Heidekrautgewächse wie die Moosbeere und Rosmarinheide haben ein gut ausgebildetes Pilz-Wurzel-System entwickelt, das eine gesteigerte Nährstoffaufnahme aus der Umge-

Die Emme ist ein Naturereignis, ein Bergbach wie aus dem Bilderbuch, am obersten Lauf oft ganz unzugänglich. Wer sich am Ufer aufhält, sollte sich vor Gewittern in Acht nehmen. Dann kann die Emme in kürzester Zeit gefährlich anschwellen.

bung ermöglicht. An den nördlichen Hängen, etwa auf der Alp Läger unterhalb des Augstmatthorns, finden sich beweidete Flachmoore. Das schafft ein ungemein reizvolles Puzzle an Landschaftselementen, wie es selbst im alpinen Raum selten geworden ist. Die Lombachalp geniesst deshalb als Teil der Moorlandschaft Habkern-Sörenberg einen besonderen Schutz. Das Naturschutzinspektorat des Kantons Bern hat mit den Alpgenossenschaften Bewirtschaftungsverträge abgeschlossen. Die trittempfindlichen Hochmoore sind unter Naturschutz mit Betretungsverbot gestellt.

Für das gesamte Gebiet der Lombachalp gibt es ein Informations- und Lenkungskonzept, welches die Besucherinnen und Besucher so führen soll, damit die Naturwerte erhalten bleiben. Das gelingt gut, auch der automobile Andrang hält sich dank zusätzlichen Parkgebühren für jene, die auf der asphaltierten Strasse direkt ins Gebiet hineinfahren, in Grenzen. Dazu kommen ein Ranger und markierte Beobachtungspunkte entlang der Wanderwege. Geschützt ist damit auch fast das ganze Quellgebiet der Emme. Das Wasser ist speziell im Sommer omnipräsent. Mal tritt es in tiefschwarzen Tümpeln ans Tageslicht, mal sprudelt es mitten aus einer Wiese, um alsdann einen Graben zu bilden, der sich wie ein geschwungener Pinselstrich durch die Moorlandschaft zieht. Die namengebende Emme ist nur der bekannteste einer ganzen Reihe von teils namenlosen Bächen. Sie bilden zusammen einen Halbkreis und haben sich schon nach wenigen Hundert Metern Fliessstrecke tief eingegraben, um sich dann im Teufengraben zu vereinen, einer wilden und unzugänglichen Schlucht. Die Lombachalp und die tiefer liegenden angrenzenden Gebiete bilden vom 1. Dezember bis zum 7. August ein Wildschutzgebiet mit striktem Weggebot – und davon gibt es nicht allzu viele. Der wichtigste Weg, die Alpstrasse, ist leider geteert.

Dies ganz im Gegensatz zum Abstieg hinunter zum Ussers Läger, durch das ein weiterer Seitenbach der Emme zuströmt. Das Wytlouwihoren (2106 m) im Süden und der Ringghuppi (1699 m) im Norden begrenzen diesen Kessel. Die Weiden der Alp Läger enden buchstäblich im Nichts. Es geht mitten aus dem Grün hinaus steil hinunter. Das von zahlreichen Rinnen zerfurchte Gelände gleicht einer Elefantenhaut, während sich am

obersten Rand Gräser und Blumen aneinanderklammern, um dem Absturz zu entgehen. Ein selten begangener Pfad ermöglicht einen – nur bei trockener Witterung – sicheren Abstieg in enger Schlangenlinie. Man taucht ein in eine neue Welt, zur Rechten eine bis auf den gerölligen Untergrund entblösste Landschaft, mehr Schutthalde als Felswand, zur Linken eine zunehmend üppiger werdende Grasdecke, unter die sich nach und nach das eine oder andere schüttere Tännchen mischt. Hier sind es die Spuren des Wildes, die nun die Richtung talwärts vorgeben. Man sollte sich daran halten. Der Untergrund ist teils nass und rutschig. Die oberen Rinnen und Furchen sind oberflächlich ausgetrocknet, hier stürzt sich das Wasser nur während der Schneeschmelze oder nach Regenfällen ins Tal. Mit welcher Wucht lässt sich erahnen, weil sich im schmalen Bachbett mächtige Felsbrocken und Baumstämme stapeln. Das Gelände wird flacher, das Bett des namenlosen Baches breiter, von den steilen Hängen des Wytlouwihoren gesellt sich ein weiterer, ausgetrockneter Bach hinzu, dann noch einer, und noch einer, bis sich schliesslich eine ganze steinerne Trümmerhalde ihren Weg in das Bett bahnt und jetzt Platz bietet für einen mächtigen Erosions- und Wasserstrom, während aus dem Steinhaufen frech ein Greiskraut seine schöne gelbe Blüte hervorstreckt. Jetzt erst, nach vielleicht zweihundert Höhenmetern Abstieg von gesamthaft siebenhundert Metern, beherrscht der Bach sein Tal. Nur auf seiner linken Seite duldet er Grasbewuchs, der eine Beweidung zulässt, die rechte Flanke bleibt unnahbar und vom Geröll beherrscht.

Auf einer Kuppe, umgeben von schönen Tannen, findet sich eine Alphütte, der Senn zerkleinert gerade eine alte Wettertanne, die der Wind gefällt hat. Ein schmaler Fahrweg führt zur Alp hinauf, der Bach fliesst unter einer Brücke hindurch in Richtung Emme. Er führt wenig Wasser, es lässt sich gefahrlos in seinem Bett weiter gehen. Das Ziel, die Vereinigung des Baches mit der Emme, ist keine dreihundert Meter entfernt. Idyllisch plätschert und gluckert das Wasser, das Flussbett biegt und windet sich, um sich urplötzlich zu verengen. Dann ist Schluss: Mehrere Baumstämme liegen in Längsrichtung und machen ein weiteres Vorankommen unmöglich. Es bleibt der Alpweg hoch über der Emme, vorbei an Alpen mit so schönen Namen wie Laublägerli, Mettli und Lägerli. Auch die Wälder sind nicht minder fantasievoll benannt: Scheitwald, Seewli, Bruchwald oder Risserschwand. Die Emme gibt sich hier bedeckt, noch nicht einmal ihr Rauschen ist zu hören. Zu steil und abschüssig ist das Gelände, um den Abstieg zu wagen.

Auf der Alp Lägerli hat sich eine Gruppe Jäger versammelt, sie beobachten eine Gruppe Hirsche, die sich an den steilsten Grashängen des Gummhoren (2040 m) gütlich tun, den sicheren Wald dabei stets in Sprungweite. Auch der Bärfallengraben, der einen der Seiten-

Als liebliche Bächlein schlängeln sich die kleinen Quellflüsse der Emme durch die Lombachalp (rechts), doch schon bald stürzen sie sich in den Emmegraben (rechte Seite).

bäche führt, erweist seinem Namen alle Ehre. Dabei hatte das asymmetrische Tal der oberen Emme – die Gipfelkette auf der rechten Uferseite liegt gut fünfhundert Meter höher als die Alpweiden gegenüber – von der Lombachalp aus gesehen einen fast lieblichen Eindruck gemacht. So kann man sich täuschen.

Erst am Harzisboden, wo der Chrummenbach in die Emme strömt, wird sich letztere wieder zeigen, um sogleich Stromschnellen zu bilden und sich in eine Schlucht zu stürzen. Beim Küblisbühl ist die Emme dann in einem breiteren Bachbett wieder gut zugänglich und fliesst durch ein sanft geschwungenes, felsiges Tälchen mit einigen schönen Badestellen, bevor sie nochmals eine Engstelle bei Vorders Hübeli passieren muss. Dann ist der Weg frei durch die weite Ebene des Kemmeribodens.

«Auf einmal erscholl der Emme Gebrüll in dem friedlichen, sonntäglichen Gelände. Man hörte sie, ehe sie kam, lief an die Ufer, auf die Brücke. Da kam sie, aber man sah sie nicht, sah anfangs kein Wasser, sah nur Holz, das sie vor sich her zu schieben schien, mit dem sie ihre freche Stirne gewappnet hatte zu desto wilderem Anlauf. Mit Entsetzen sah man sie wiederkommen, so schwarz und hölzern und brüllend, und immer höher stieg das Entsetzen, als man Hausgeräte aller Art daherjagen sah: Bütten, Spinnräder, Tische, Züber, Stücke von Häusern, und diese Trümmer kein Ende nahmen und der Strom immer wilder und wilder brauste, immer höher und höher schwoll. Wo ein fühlend Herz war, das brach in Jammer aus über das entsetzliche Unglück, dessen Zeugen der Täter selbst an ihren Augen vorbeiführte.» So schildert Jeremias Gotthelf in dramatischen, präzisen Worten in seiner Novelle «Die Wassernot im Emmental» die Verwüstungen, welche die Emme am 13. August 1837 nach einem Unwetter anrichtete. Auch am 24. Juli 2014 tobte die Emme. Die Ebene beim Kemmeribodenbad wurde überschwemmt, flussabwärts kam es vor allem in Eggiwil zu grossen Schäden. Wie durch ein Wunder wurde niemand verletzt oder getötet. Nur gerade zwei Jahre zuvor hatte es ein ähnliches Hochwasser gegeben. Die «Emmenschlange», wie das Hochwasser seit Gotthelfs Zeiten genannt wird, wird die Menschen auch in Zukunft beschäftigen. Für alle, die sich im Uferbereich der Emme aufhalten, gilt eine

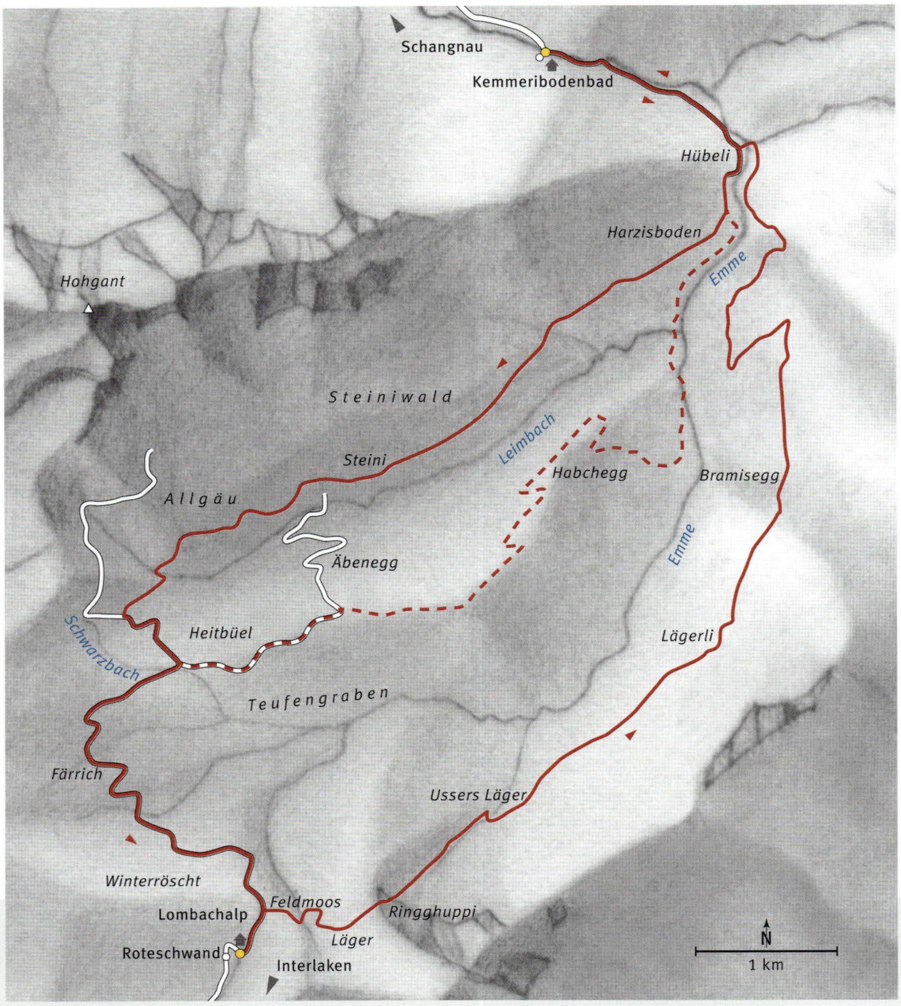

IM WILDEN TOBEL DER EMME

Die Rundwanderung Lombachalp (Roteschwand bzw. Parkplatz Lägerstutz gleich unterhalb)–Läger–Lägerli–Bramisegg–Kemmeribodenbad und zurück via Harzisbode–Steini–Äbenegg zur Lombachalp lässt sich in einem sehr anstrengenden Wandertag (in diesem Fall sollte man mit dem Auto zur Lombachalp fahren) bewältigen. Wer sich etwas Zeit nimmt, übernachtet im Hotel Kemmeribodenbad und unternimmt die Tour in zwei Tagen. Oder man macht nur den Ab- oder Aufstieg über die Alp Lägerli. Sehr gutes Schuhwerk ist vor allem für den heiklen Abschnitt Läger–Ussers Läger unabdingbar. Bei nasser Witterung nicht zu empfehlen.
Von der Lombachalp aus der Alpstrasse bis Feldmoos folgen und dann rechts auf Alpweg zur Alp Läger aufsteigen und weiter, den Wegspuren entlang, bis zum steilen Abstieg nach Ussers Läger, dann linksseitig des Baches durchs Gelände bis zum prächtigen Alpweg nach Lägerli mit sehr schönen Ausblicken. Weiter über Bramisegg und dann auf der geteerten Alpstrasse nach Küblisbühl und Kemmeribodenbad. Auf dem Rückweg vom Kemmeribodenbad bis Harzisbode, dort rechts hinauf und auf schönem Höhenweg über Steini, Äbenegg und durch die herrliche Moorlandschaft zurück nach Lombachalp-Roteschwand.

AN- UND RÜCKREISE Postauto von Interlaken nach Habkern. Von dort mit dem Kleinbus von «Bus alpin» zur Lombachalp (Fahrplan beachten, zu gewissen Zeiten Reservierung obligatorisch).

WANDERZEIT 7 Std.

HÖHENDIFFERENZ 850 m Auf- und Abstieg

SCHWIERIGKEIT Anspruchsvoll

KARTEN Landeskarte 1:25 000, 1189 Sörenberg, 1208 Beatenberg, 1209 Brienz. Eine gute Karte, auf der neben Wegen auch Wildschutz- und Naturschutzgebiete eingetragen sind, findet sich im Flyer «Lombachalp». Er kann auf der Website www.lombachalp.ch heruntergeladen werden.

ESSEN UND UNTERKUNFT Hotel Landgasthof Kemmeriboden-Bad: Telefon 034 493 77 77, www.kemmeriboden.ch. Gemütliches Traditionshaus mit viel Holz und überraschend modernen Zimmern, auch Massenlager. Regionale Küche. Restaurant Jägerstübli, Lombachalp: Telefon 033 843 11 78. Währschafte Küche. Guter Alpkäse.

VARIANTE Bei Harzisbode dem Lauf der Emme flussaufwärts folgen auf einem Fahrsträsschen. Bei P. 1158 lässt es sich bequem zum Flussbett gelangen. Danach kurzer Aufstieg durch wegloses Gelände bis zur Alp Habchegg und weiter bis Äbenegg. Wenig länger als die Hauptroute. Vom 1. Dezember bis am 7. August ist die Begehung dieser Variante untersagt (Wildschutzgebiet).

INFORMATIONEN Gemeindeverwaltung Habkern: Telefon 033 843 82 10, www.habkern.ch

Die Emme überspannen noch viele Holzbrücken (vorangehende Doppelseite). Wenn er Platz hat, breitet sich der Fluss aus, wenn es eng wird, zwängt er sich noch durch die schmalsten Stellen.

wichtige Faustregel: «Wird der Himmel am Oberlauf der Emme schwarz, dann räume sofort das Feld.»

An diesem strahlenden Sommermorgen ist nichts zu befürchten. Der Dokumentarfilmer Martin Burkhard, der zusammen mit seiner Frau Ursula dreizehn Jahre an einem Film über die Emme arbeitete (der 30-minütige Film kann beim Autor bestellt werden: www.film-team.ch), führt vom Kemmeribodenbad aus zur Emme. Via Hübeli und Harzisboden geht es ein Stück weit flussaufwärts, einem Fahrweg folgend, der sich schliesslich im Gelände verliert. Durch etwas Blätterwerk geht es zum Ufer, an dem der Fluss beständig nagt. Es ist heiss, Mittagszeit. Doch unvermittelt wird es spürbar kühler. Es ist das kalte Wasser, das für den Eishauch sorgt. Die Emme ist hier Wildbach durch und durch, sie prägt und formt ihr Tal, ihre Kraft wird sichtbar. Sie fällt Bäume, verschleppt riesige Gesteinsbrocken, formt Sand- und Kiesbänke, schafft Oasen der Ruhe gleich neben stürmischen kleinen Wasserfällen, und wenn sich aus einem Samenkorn in unwirtlichster, von Steinen, Schlamm und Blattresten geprägter Umgebung irgendwo am Rande des Flussbettes ein zartes Pflänzchen entwickelt, wird unvermittelt klar, dass die Emme auch Lebensspenderin ist. In diesem Fall handelt es sich um ein winziges Bäumchen, das einmal eine Gemeine Esche werden möchte. Er wird das nächste Hochwasser wohl nicht überstehen. Aber es hat ein Zeichen des Lebens gesetzt. (FI)

KANDER IM GASTERNTAL

Schöpferin und Zerstörerin

Im Gasterntal fliesst die Kander so naturnah wie nirgends sonst – ein Wildbach mit zerstörerischer und schöpferischer Kraft zugleich. Auf ihrem Weg von der Quelle am Kanderfirn bis zur Kander-Chluse zeigt sie ganz verschiedene Gesichter.

Wie ein Käfer habe er sich gefühlt, als der Berg von allen Seiten kam, erinnert sich Heinz Rauber. Wir schreiben den 10. Oktober 2011: «Es hatte weit hinunter geschneit, danach tagelang geregnet. Dann ging es los. Steinbrocken flogen an unserer Alphütte vorbei, und am Gegenhang wurde aus einem Rinnsal nach und nach eine gewaltige Schlamm- und Geröllawine. Sie drang langsam über das Flussbett der Kander hinweg vor, füllte einen Stall bis zum Dach und kam nur wenige Meter vor unserer Alphütte zum Stehen. Mehrere Male flüchteten wir uns in den Wald.» Heinz Rauber sömmert seit früher Kindheit Vieh auf der Alp Heimritz (1635 m) im hinteren Gasterntal, seit einigen Jahren geht er als Rentner seinem Sohn zur Hand. Er ist sich einiges gewohnt an Unwettern, Lawinen und anderen Launen der Natur. Aber der 10. Oktober 2011 war anders. Es war ein Naturereignis, wie es statistisch nur etwa alle dreihundert Jahre vorkommt.

Mehrere Hektar Alpweiden verwandelten sich in eine Steinwüste, die Fahrstrasse am Gegenhang wurde an mehreren Stellen weggefegt, und die Kander, die es sich zuvor im Talgrund in einem breiten Bett recht bequem eingerichtet hatte, musste tun, was sie seit Jahrtausenden tut: das Geschiebe, das vom Berg kommt, irgendwie weitertransportieren. Der Mensch hat ihr bei der Alp Heimritz mit Baggern etwas nachhelfen müssen, um einen gefährlichen Rückstau zu verhindern. Noch immer fliesst sie in einigem Abstand zum Alpgebäude, aber das Bachbett liegt höher als zuvor.

Es ist das Wasser, das in Jahrmillionen selbst die höchsten Gebirgszüge in Ebenen verwandeln kann und es sind die Bäche, die für den Abtransport zuständig sind. An einem extrem steilen Tobel, das das Schmelz- und Regenwasser im weiten Kessel zwischen Märbegg (2405 m) und dem Hockenhorn (3293 m) sammelt, muss der namenlose Seitenbach der Kander am 10. Oktober 2011 zurückgestaut worden sein, um sich dann, dem Weg des geringsten Widerstandes folgend, dreissig Meter tief einzugraben und sich schliesslich im rechten Winkel abzuwenden, das ganze aufgestaute Geröll mit sich reissend. Das sieht aus der Ferne aus, wie wenn ein Riese mit einer Gartenhacke gespielt hätte, so, wie es Kinder im

Die Kander hat an ihrem Oberlauf im Gasterntal – praktisch ungestört von menschlichen Einflüssen – eine abwechslungsreiche Landschaft geformt.

Sandkasten manchmal tun, wenn sie einen Bachlauf zurückstauen, um ihn in eine andere Richtung zu leiten. Meistens hält das nicht allzu lange, und auch am Fuss der Märbegg dürfte das irgendwann der Fall sein. Doch es war vielleicht auch Glück im Unglück. Denn wären diese gigantischen Geröllmassen in der gewohnten Richtung ins Tal geströmt, es wäre möglicherweise um den Weiler Selden geschehen gewesen. Tatsächlich war, bevor der Bach seine Richtung änderte, eine kleinere Geröllawine auf der normalen Route ins Tal gefahren. Sie schoss über das Bett der Kander hinaus in den Gegenhang hinein, das Fahrsträsschen in Fetzen reissend. Heinz Rauber war nur wenige Meter entfernt, sein Sohn war zu Fuss zur Alp Heimritz unterwegs, während der Vater versuchte, mit dem Jeep nach Selden zurückzufahren. Doch er kam nicht weit, musste das Auto stehen lassen und sich zu Fuss über einen Bergweg zu seinem Sohn durchschlagen. Mehrere Stunden galt er als vermisst, den Helfern waren die Hände gebunden. Die schlechte Sicht liess keinen Helikopterflug zu, und auch für die Bergretter war es zu gefährlich. Das Strässchen ist inzwischen auf die andere Talseite verlegt worden, beim Gang über die Mure von 2011 wähnt man sich auf dem Mond. Manche sagen, das sei wohl das Ende für die Alp Heimritz, aber für Heinz Rauber ist klar: «Wir halten durch.»

Die Geröllhalden beidseits des oberen Gasterntals bis hinauf zum Kanderfirn sind der sichtbarste Ausdruck der enormen Kräfte, die hier wirken. Der Gletscher selbst, zu Kindertagen von Heinz Rauber war er von der Alp Heimritz aus noch zu sehen, hat sich fast fünfhundert Höhenmeter zurückgezogen und versteckt sich heute hinter einer wuchtigen Felswand. Die Vegetation hat sich sein Vorfeld zurückerobert, seit 2008 steht dieses Gebiet unter kantonalem Schutz, bereits 2001 wurde es in das Aueninventar von nationaler Bedeutung aufgenommen. Etwas weiter flussabwärts, einem neu angelegten Wanderweg folgend, der Heimritz und Selden verbindet, lässt sich im extrem steilen Gelände spüren, was Heinz Rauber erlebt haben muss. Grosse Steinbrocken haben sich im Wald verfangen. Andere wiederum scheinen nur auf das nächste Unwetter zu warten, das sie ins Tal reissen wird. Die Kander selbst verliert sich im Spätsommer in ihrem halbrunden, stellenweise zwei Dutzend Meter tiefen Bett.

Bei der Brücke in Selden habe sie sich in einem Sommer zwei Meter tiefer eingegraben, sagt Fritz Scherrer. «Was bleibt ihr auch anderes übrig?» Scherrer verbringt viel Zeit in einer nahen ehemaligen Alphütte, die er gepachtet hat. Als Bub sei er oft auf der Gfelalp bei seinem Onkel gewesen, die auf einer Sonnenterrasse hoch über dem Tal am Weg zum Lötschenpass thront. Die Kander passieren die Wanderer auf dem Weg ins Wallis über eine neu gebaute Hängebrücke. Scherrer ist in Sorge, wie der Bach es schaffen soll, die enormen Gesteinsmassen im Talgrund weiterzubefördern. Denn nur wenige Hundert Meter talabwärts, beim Bletscheweidli, wird es eng. Die Kander zwängt sich dort durch eine unzugängliche Schlucht, um schliesslich, rund zweihundert Höhenmeter tiefer, ihr Bett in eine weite Auenlandschaft zu öffnen. Der Bach schlängelt sich mit vielen Seitenarmen und Nebenläufen durch das Tal. Kiesterrassen, Schotterflächen, Pionierpflanzen, junge Wälder sind typische Elemente. Vereinzelt gibt es auch ältere Baumbestände – an Stellen, die schon länger nicht mehr überflutet wurden. Die Kander ist auch hier Schöpferin und Zerstörerin zugleich, und sie schafft damit eine reiche Fauna und Flora. Bergmolche und Erdkröten mögen die seichten, ruhigen Tümpel. Nicht aber die Bachforellen: Sie haben hier keine Überlebenschance, weil der Fluss regelmässig trockenfällt. Erst auf dem kurzen Stück zwischen Waldhus und der Kander-Chluse finden auch sie ihr kleines Paradies.

Reto Mani, seit 1999 Fischereiaufseher im Gasterntal, steht auf der nach dem Unwetter neu erbauten Brücke am Schluchtausgang beim Bletscheweidli. Und er freut sich: «Die Kander ist fischfreundlicher geworden. Es gibt wieder Nischen, in die sich die Fische zurückziehen können. Und auch der eine oder andere Laichplatz ist zu sehen. Vielleicht wagen wir im nächsten Jahr einen Besatz mit Bachforellen.» Das ist die einzige Fischart, die natürlicherweise in der Kander vorkommt, und ausgerechnet sie hat im Gasterntal einen schweren Stand. Reto Mani weiss weshalb: «Fische haben ein sehr gutes Gespür für kommende Hochwasser. Sie ziehen sich dann rechtzeitig in unterirdische Höhlen zurück. Aber das Hochwasser von 2011 war so gewaltig, dass ich mir nicht vorstellen kann, dass auch nur eine Bachforelle am Oberlauf das überstanden hat. Ich gehe davon

Ein gewaltiger Schuttstrom ergoss sich nach dem Jahrhundertunwetter vom 10. Oktober 2011 über die Weiden der Alp Heimritz (links).

aus, dass es hier seither keine Fische mehr gibt.» Ob die Bachforellen natürlicherweise je den Weg hinauf zum Oberlauf der Kander gefunden haben, weiss niemand. Es sei unwahrscheinlich. «Möglicherweise haben Mönche hier vor Jahrhunderten Bachforellen ausgesetzt, so, wie sie es an anderen Bächen auch getan haben.»

Denn die Kander, so reich an Wasser sie in den Sommermonaten ist, fällt vom Spätherbst bis zum Frühling im unteren Gasterntal trocken: Zwischen Geissallmi und Gasterenholz, wo die Kander kaum Gefälle aufweist, halten sich dann nur noch einige Teiche und Sümpfe. Das liegt am wasserdurchlässigen Untergrund der Kander: Bis auf 210 Meter Tiefe handelt es sich um Geröll und Schutt, den der Fluss hier im «Gasterntrog» abgelagert hat. Denn am Talausgang verwehrt eine weitere Engstelle, die Kander-Chluse, den Abtransport – eine wilde Schlucht mit enormem Gefälle. «Die Kander bricht zwischen senkrechten Felsen, die schauerlicher als irgendwo in der Alpengegend einander nahe gegenüberstehen, zwischen herabgestürzten Trümmern hervor», schilderte Gerold Ludwig Meyer von Knonau 1839 sichtlich beeindruckt die Schlucht in der «Erdkunde der Schweizerischen Eidsgenossenschaft: ein Handbuch für Einheimische und Fremde». Bis sich die Kander nach der letzten Eiszeit einen Weg gebahnt hatte, bildete das Gasterntal einen See, der als unsichtbarer Grundwassersee nach wie vor besteht. Sein Pegel schwankt im Jahresverlauf, und bei Tiefstand in den Wintermonaten versickert das von den Bergen kommende Wasser und zeigt sich erst wieder, wenn der Grundwasser-Seepegel hoch genug ist, um es an die Oberfläche zu drücken.

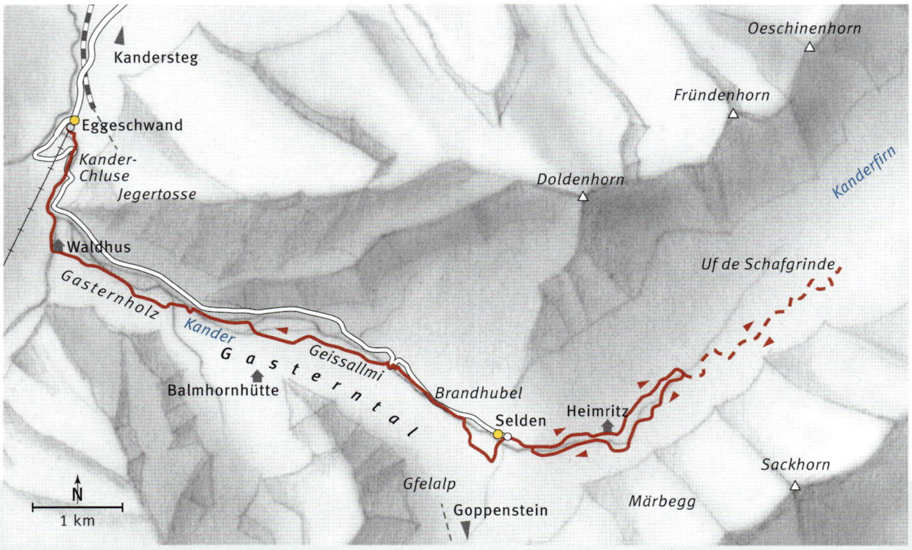

VOM QUELLGEBIET DER KANDER DURCHS URTÜMLICHE GASTERNTAL

Auf dieser Tour zum Fuss des Kanderfirns lässt sich die Kander im Gasterntal von der Quelle am Kanderfirn bis zur Kander-Chluse erkunden. Ausgangspunkt ist der im Sommer mit dem Kleinbus erreichbare Weiler Selden (1537 m). Auf dem nach dem Unwetter von 2011 neu erstellten Wanderweg geht es nach Heimritz (1635 m) und weiter bis zur Hängebrücke (1724 m) am Fusse des Kanderfirns, wo die junge Kander in einem mächtigen Wasserfall ins Tal stürzt. Auf der südlichen Talseite zurück nach Heimritz und weiter nach Selden. Danach via Brandhubel und Staldi hinunter in die Auenlandschaft Gasternholz bis Waldhus und durch die Kander-Chluse nach Eggeschwand.

ANREISE Mit dem Kleinbus von Kandersteg bis Selden (Reservierung obligatorisch, Telefon 033 671 11 72)

RÜCKREISE Von Eggeschwand mit dem Ortsbus zum Bahnhof Kandersteg

WANDERZEIT 5 Std.

HÖHENDIFFERENZ 350 m Aufstieg, 700 m Abstieg

SCHWIERIGKEIT Mittel

KARTEN Landeskarte 1:25 000, 1247 Adelboden, 1267 Gemmi, 1268 Lötschental

ESSEN UND UNTERKUNFT Berghotel Waldhaus: Telefon 033 675 12 73. Hier lässt es sich noch wie früher übernachten. Es gibt keinen Strom, nur Kerzenlicht und im Zimmer kaltes Wasser aus einer Waschschüssel. Vier Zimmer und eine Gruppenunterkunft. Währschafte, leckere Küche. Berggasthaus Heimritz: Telefon 033 675 14 34, www.heimritz.ch. Sehr gemütlich und gastfreundlich. Beim Anblick der bis zu sechs Meter mächtigen Mure, die 2011 mehrere Hektar Weiden verschüttete, lässt es sich trefflich über Wohl und Weh der Natur nachdenken.

VARIANTE Ab Selden via «Uf de Schafgrinde» hoch zum Kanderfirn auf einer anspruchsvollen Bergtour und auf derselben Route zurück. Wanderzeit 6 Std.

INFORMATIONEN Kandersteg Tourismus: Telefon 033 675 80 80, www.kandersteg.ch

Diese seltene Konstellation führte 1908 zu einem verhängnisvollen Unglück. Italienische Arbeiter sprengten rund hundert Meter unter dem Gasterntal die Röhre des Lötschberg-Eisenbahntunnels aus losem Sedimentgestein. Eigentlich waren die verantwortlichen Geologen davon ausgegangen, hier auf harten Fels zu treffen. Doch sie lagen falsch und provozierten damit eine Katastrophe. 7000 Kubikmeter Sand, Kies und Schlamm drangen eineinhalb Kilometer tief in den Stollen ein, im Gasterntal sackte der Boden an der Stelle des Einbruchs drei Meter ab. Sechsundzwanzig Arbeiter wurden verschüttet, nur einer, Vincenzo Aveni, konnte geborgen werden. Der Stollen wurde zugemauert, der Tunnel in einer S-Kurve um das poröse Gestein herumgeführt und um rund achthundert Meter verlängert. Die Angehörigen der Toten erhielten eine Entschädigung, die Schuldfrage wurde nie geklärt. Später sollte sich herausstellen, dass Grundwasser eingebrochen war und nicht, wie man damals annahm, ein unterirdischer Lauf der Kander. Auch der neue Lötschbergtunnel unterquert, allerdings wesentlich tiefer, das Gasterntal.

Diese komplizierte Geologie hat aber auch ihre guten Seiten: Sie hat das Gasterntal nämlich davor bewahrt, in einem künstlichen See zu verschwinden. In den 1950er-Jahren gab es Pläne, auf dem Fels der Chluse eine Staumauer zu bauen, um Wasser aus dem Gasterntal und dem dem Oberwallis zu stauen und in Kandersteg zu turbinieren. Staumauer und Stausee hätten

Die Kander hat sich kurz vor dem Weiler Selden gut zwanzig Meter tief eingegraben (rechts).

etwa die Dimension der Grande Dixence (3,65 km^2 Oberfläche, 227 m Tiefe) erreicht. Doch daraus wurde glücklicherweise nichts. Am Ende resignierten die Geologen: Der Wasserhaushalt im Untergrund liess sich nur bruchstückhaft ergründen, doch es war klar, dass ein beträchtlicher Teil des aufgestauten Wassers unterirdisch in alle Himmelsrichtungen abgeflossen wäre; ausserdem hätte der Lötschbergtunnel diesem zusätzlichen Druck wahrscheinlich nicht standgehalten. Aber im hinteren Gasterntal gebe es noch grosses Potenzial, hiess es damals in einem Fachbeitrag, «bevor das Kapitel des Ausbaus der schweizerischen Wasserkräfte abgeschlossen und dazu übergegangen wird, teure, komplizierte und im Betrieb heikle Atomkraftwerke zu bauen».

Es kam anders, aber unter neuen Vorzeichen doch nicht ganz. Aktuell erwägt die «Kraftwerk Kander Alp AG» den Bau eines Kleinkraftwerkes. Oberhalb der Chluse soll Wasser von der Kander abgezweigt und in Kandersteg turbiniert werden. Die Naturschutzorganisationen weigerten sich, in der Begleitgruppe mitzuwirken. Begründung: Bei der Kander-Chluse handle es sich um ein Gebiet, wo der natürliche Zustand des Gewässers und seiner Landschaft so hoch sei, dass eine Nutzung nicht infrage komme. Auch der Widerstand aus der Region ist gross. Unter anderem wird verlangt, dass der Kander so viel Restwasser bleibt, dass sie nach wie vor weiss schäumend die Chluse hinunterstürzt. Um das Projekt ist es deshalb sehr ruhig geworden. Vom Tisch ist es aber nicht. Offiziell «optimiert» die Kraftwerk Kander Alp AG seit 2014 die Projektidee. Es bleibt zu hoffen, dass es gelingen wird, die einmalige Natur und Landschaft zu erhalten. (FI)

LA RÈCHE
Wohltat für Auge und Seele

Die Rèche und das Val de Réchy sind von der Wasserkraftnutzung verschont geblieben – das ist eine Rarität im Kanton Wallis. Die Schönheit dieser aussergewöhnlich abwechslungsreichen Landschaft verwöhnt Auge und Seele.

Ein junges Paar hat es sich gemütlich gemacht auf einer Kiesbank am Ufer der Rèche bei Le Pichioc, einer markanten Geländestufe im Val de Réchy. Gleich wird sich der Bach gut hundertfünfzig Meter in die Tiefe stürzen und eintauchen in eine ganz andere Landschaft. Es ist Frühherbst, das milde Licht der Nachmittagssonne pinselt den Himmel mit einem kräftigen Blau, jede Krete der umliegenden Gipfel hebt sich scharf davor ab, wie wenn jemand die Linie mit Bleistift nachgezogen hätte. Das Flachmoor L'Ar du Tsan und die bis in die Gipfelregionen grasbewachsenen Hänge leuchten in warmen Ockertönen. Die wenigen Lärchen, die am Rande der Ebene eine Nische zum Leben gefunden haben, präsentieren sich in strahlendem Gelb. Selbst die grauschwarzen Schutthalden und Felswände auf der östlichen Talseite am Roc de la Tsa (2911 m) wirken bei so viel mildem Licht weit weniger furchterregend, als sie es tatsächlich sind.

Das Val de Réchy liegt in einem weiten Kessel, aus dem der Gipfel La Maya (2916 m) wie ein hochgestelltes Rechteck herausragt. Die Rèche entspringt auf 2700 Metern über Meer am Fusse des Col de Louché und der markanten Becs de Bosson (3149 m) mit ihren wuchtigen Blockgletschern. Sie fliesst über knapp elf Kilometer und 2200 Höhenmeter ins Rhonetal. Dabei bildet sie zweimal eine Ebene mit nachfolgender Steilstufe, auf der oberen gibt es sogar einen See. Dazu kommen mehrere Wasserfälle und eine Schlucht. Der Bach zieht seine Linien durch die Hochebene L'Ar du Tsan, ein Flachmoor ohne sichtbares Gefälle. Man wähnt sich in einer mongolischen Steppenlandschaft. Blickt man von den Hängen des Mont Gautiers (2696 m) aus nach unten, denkt man an eine grosse dunkle Schlange, begleitet von mehreren kleinen Exemplaren. Es ist fast zu schön, um wahr zu sein. Aber nichts daran ist gekünstelt. Es ist einfach Natur. «Was mich am allermeisten berührt hat im Vallon de Réchy», schreibt der Berner Maler Menel Rachdi, «war das Arbeiten wie ein Maler-Zwerg am Fusse dieser riesigen Berge aus einer versteinerten Zeit, die ihre Farben tausendmal täglich wechseln.»

Die Rèche stürzt sich über einen 150 Meter mächtigen Wasserfall ins Tal (rechts).

Die Gipfel La Maya (links) und Becs de Bosson (rechts) beherrschen die Landschaft am Oberlauf.

Die Rèche zieht bei Le Pichioc noch eine letzte Kurve, und die Fliessgeschwindigkeit steigt. Gleich wird sie zu einem prächtigen Wasserfall und eintauchen in ein immer enger werdendes Tal, das schliesslich zur Schlucht wird. Bis zum Dorf Réchy fliesst sie, mit Ausnahme historischer Suonen, vollkommen unberührt zu Tale. Das ist im Wallis aussergewöhnlich. Das Val de Réchy liegt zwischen den ungleich bekannteren Tälern Val d'Anniviers und Val d'Hérens. Für deren Touristiker ist es nur ein Hindernis, weil zum Skifahren ungeeignet. Um die Skigebiete der beiden bereits erschlossenen Täler zu verbinden, sollte das Val de Réchy mit Skiliften durchquert werden. Dagegen wehrten sich die Umweltorganisationen. Mehrere Autoren priesen 1984 im vom WWF herausgegebenen Buch «Les Richesses du Vallon de Réchy» die Ursprünglichkeit und Schönheit des Tales und formulierten einen flammenden Aufruf, es vor dem Zugriff der Bergbahnen zu bewahren. 1986 appellierte der WWF an den Bundesrat, das Tal integral unter Schutz zu stellen. Die Begründung: Das Tal müsse «seine natürliche Funktion als Lunge zwischen den touristischen Polen behalten, als Refugium für Fauna, Flora, als Wanderparadies, intakte Kulturlandschaft und stellvertretend für alle Dinge, die so selten geworden sind in unserem Land.» Zwar kam es noch zu einer Umweltverträglichkeitsprüfung für das geplante Skiliftprojekt, doch 1996 wurde das Moorgebiet L'Ar du Tsan in die «Liste der Moorlandschaften von besonderer Schönheit und von nationaler Bedeutung» aufgenommen. Damit waren die Pläne vom Tisch. Das Gebiet ist auch im «Bundesinventar der Landschaften und Naturdenkmäler von nationaler Bedeutung» eingetragen, und 2015 wurde das obere Tal mit dem L'Ar du Tsan schliesslich auch vom Kanton Wallis zum Naturschutzgebiet erklärt. Das Tal sei «ein aussergewöhnlicher Ort», heisst es in der Begründung, «eine der letzten Regionen, wo es keine touristischen Transportanlagen und Wasserkraftwerke gibt».

So ändern die Zeiten. Historisch wertvolle Alpgebäude sollen erhalten werden, der Artenschutz wird verstärkt und die naturnahe Alpbewirtschaftung ist vertraglich geregelt. Die anliegenden Gemeinden verzichten zudem auf die Wasserkraftnutzung und erhalten dafür Ausgleichsbeiträge des Bundes. Dieser integrale

Schutz ist auch ein Verdienst der «Freunde des Vallon de Réchy», einem 1984 gegründeten Verein, der sich unermüdlich für den Erhalt des Tales engagiert hat.

Es sind die vielen wechselnden Farben, die das Val de Réchy auszeichnen. Und es ist die aussergewöhnlich abwechslungsreiche Landschaft, die geprägt wird durch die markanten Abbrüche: Aus der Adlerperspektive wirken sie wie die gigantischen Treppenstufen eines Riesen. Das Val de Réchy hat die klassische Form eines glazialen Trogtales. Doch der Eisstrom, der es aushobelte, war nicht so mächtig wie der Rhonegletscher und konnte deshalb das Tal nicht so stark eintiefen. Als er sich zurückzog, lag das Val de Réchy eine Stufe höher als das Rhonetal. Beim allmählichen Rückzug bildeten sich weitere Stufen aus, die die Rèche auf ihrem Weg überwinden muss. Dabei prägt sie ihrerseits die Landschaft neu.

Die Gipfel La Maya und Becs de Bosson beherrschen das Quellgebiet der Rèche. La Maya könnte aus dem Monument Valley verpflanzt worden sein. Die sich aus Geröllhalden erhebenden Becs de Bosson erinnern an eine Mondlandschaft. Dort wächst kein Grashalm mehr, während sich an der Maya noch in der Gipfelregion das Gras hält. An eine stattliche Felswand schmiegt sich der Bergsee Le Louché. Er wird von mehreren Bächen gespeist, an seinem Ostufer breitet sich eine Moorfläche aus, auf dem westlichen Teil weiden im Sommer Schafe. Der liebliche See kontrastiert die schroffe, von Fels und Geröll geprägte Hochgebirgslandschaft. Die Rèche macht hier eine erste Pause: Ganz gemächlich strebt das Wasser zu einer Engstelle, um sich dann in einem ersten Wasserfall über hundert Meter in die Tiefe zu stürzen. Doch rasch wird das Gelände wieder flacher, zwei Seitenbäche spenden der Rèche zusätzliches Wasser, und sie fliesst gemütlich und in mehreren Schlaufen zu Tal. Am Hang thront einsam ein aus Steinplatten gebauter, archaischer Stall namens Combacondoi. Die Rèche hat es nicht eilig bis zur nächsten Felsstufe namens La Tine. Dort zwängt sich der Bach zuerst durch eine teils nur schuhbreite Engstelle, fast so etwas wie eine kleine Höhle, in der sich auch eine Gletschermühle findet. Danach geht es rasant durch eine Schlucht hinunter zum L'Ar du Tsan, wo sich der Bach in der weiten Moorlandschaft verliert. Hier ist die seltene Sumpfschrecke zu Hause, und es gedeihen verschiedene rare Seggenarten, unter ihnen die graugrüne Schnabel-Segge.

Tritt man über die Schwelle des Pichioc auf einen nur mit sehr gutem Schuhwerk begehbaren und bei Nässe gänzlich zu meidenden Pfad, taucht man ein in eine neue, von wunderbaren Lärchen dominierte Welt am Steilhang. Die Rèche wählt die rauschende Senkrechte, Lärchen, Arven und Grünerlen klammern sich an jeden Felsvorsprung. Ihnen steht ein harter Winter bevor, und während die Grünerlen sich wegducken, um dem Schneedruck nachzugeben, brauchen Lärchen und Arven über Jahrzehnte den Schutz von Felsen oder grös-

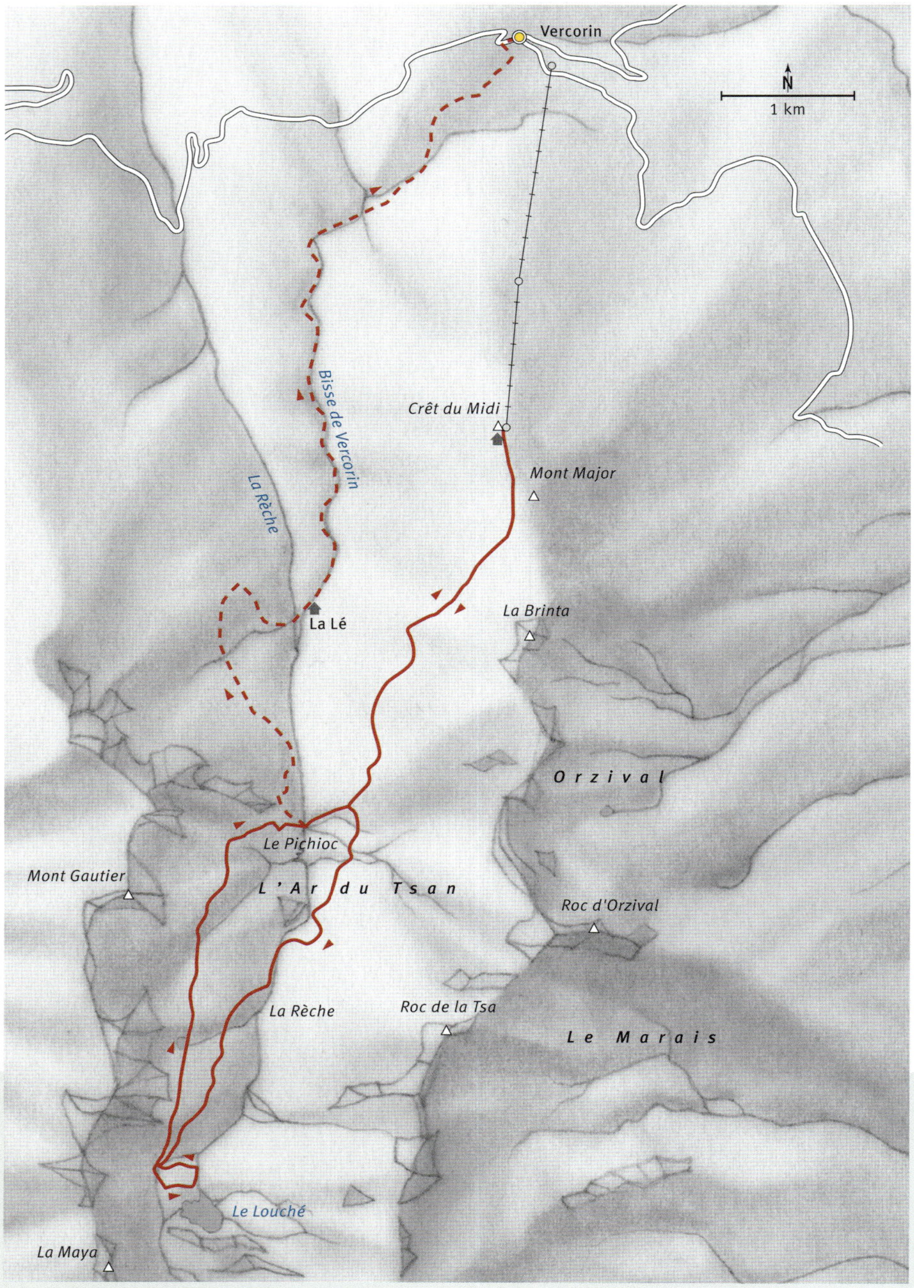

HÖHENDIFFERENZ 700 m Auf- und Abstieg

SCHWIERIGKEIT Mittel

SEEN UND HOCHEBENEN IM UNBERÜHRTEN VAL DE RÉCHY

Gemütlich und auf gefahrlosem Weg lässt sich diese Wanderung zum Ursprung der Rèche auch mit Kindern im Schulalter problemlos machen. Startpunkt ist der Crêt du Midi. Von dort aus auf schönem Alpweg und etwas erhöht über dem L'Ar du Tsan in stets sanfter Steigung hinauf zum See Le Louché. Der Rückweg führt auf der anderen Talseite über prächtige Alpmatten am zauberhaften See Gouille de Potoc vorbei, später mit fantastischem Ausblick auf den L'Ar du Tsan hinunter nach Le Pichioc und von dort zurück zum Crêt du Midi.

AN- UND RÜCKREISE Seilbahn von Vercorin auf den Crêt du Midi (Betriebszeiten beachten, im Herbst ist die Bahn zeitweise für Revisionszwecke geschlossen)

WANDERZEIT 5 Std.

KARTE Landeskarte 1:25 000, 1307 Vissoie

ESSEN UND UNTERKUNFT Bergrestaurant Crêt-du-Midi: Telefon 027 452 29 08. Das Bergrestaurant Crêt-du-Midi bietet eine atemberaubende Aussicht auf das Naturschutzgebiet des Val de Réchy und die umliegenden Berge. Käse-Spezialitäten.
Hotel Victoria, Vercorin: Telefon 027 565 90 13, www.victoria-vercorin.ch. Chalethotel mit Zimmern in umgebauten Stadeln.

VARIANTE Statt des Rückwegs zur Bergbahn steigt man von Le Pichioc auf steilem Pfad hinunter ins Tal, dann auf dem linksseitigen Weg zur Alp La Lé und auf dem Suonenweg nach Vercorin. 1 Std. länger als die Hauptroute.

INFORMATIONEN Office du Tourisme de Vercorin, Val d'Anniviers, Telefon 027 455 58 55, www.valdanniviers.ch

Das Flachmoor L'Ar du Tsan zeigt im Lauf der Jahreszeiten ein ganz unterschiedliches Gesicht: vorangehende Doppelseite im Herbst, links im Hochsommer.

seren Bäumen, bis sie dem Winter alleine trotzen können. Einige Baumriesen haben die gefährliche Jugend bereits hinter sich gelassen. Eine mächtige Lärche wird so zur Schutzburg für den Baumnachwuchs. An ihren Stamm klammert sich eine Berg-Föhre, wo der Baum, gut geschützt, nun gedeiht. Im Talgrund auf 1950 Metern über Meer macht die Rèche erneut kurz Pause, dabei ein zauberhaftes Bächlein bildend, um dann aufzubrechen auf eine Reise als klassischer, rauschender Bergbach in seinem tief eingegrabenen Bachbett. Auf der östlichen Talseite ist der Weg zur Alp La Lé durch einen Bergsturz verschüttet, das Begehen ist nur auf eigene Gefahr möglich. Sicherer ist der Pfad auf der linken, westlichen Talseite. Beim Abstieg nach La Lé muss man sich an einem Seitenbach teilweise seinen Weg etwas durchs Gelände suchen. Doch es lohnt sich. Bei der Alp La Lé spendet der Bach einen Teil seines Wassers der Bisse de Vercorin. Früher diente sie Bewässerungszwecken, heute ist sie zu einem grossen Teil rekonstruiert, auf einem Spazierweg lässt sie sich bis Vercorin begleiten.

Noch einmal, kurz vor der Schlucht, wird ein wenig Wasser der Rèche gefasst. Es dient bis heute zur Bewässerung der umliegenden Wiesen. Das geschieht mit uralten Wasserleitungen, die Bisses oder Suonen heissen und die Landwirtschaft im Wallis über Jahrhunderte geprägt haben. Ihr Ursprung wird in der römischen Zeit vermutet. Die Suonen waren im trockenen Walliser Klima lebenswichtig. Die technisch hervorragende Ausführung der Suonen als sogenannte Freispiegelkanäle mit gleichmässigem, kaum spürbarem Gefälle unterstreichen die Bedeutung und das Können der Handwerker. Die Rèche verabschiedet sich rund sechshundert Höhenmeter tiefer mit einem spektakulären Wasserfall aus dem Tal. Kurz darauf erreicht sie das Dorf Réchy. Die Zivilisation lässt ihr beim Lauf durch die Siedlung noch etwas Spielraum. Doch dann ist die Freiheit zu Ende, und die Rèche wird zum Kanal. (FI)

SENSE

Die wertvollste Gewässerperle

Die Sense ist der wertvollste aller naturnahen Flüsse in den nördlichen Alpen. Am Oberlauf zieht der fünfzehn Kilometer lange Sensegraben Besucherinnen und Besucher in seinen Bann und lässt niemanden unberührt. Man muss sie erlebt haben.

Wär einisch Sensewasser i d Nase übercho het,
wär zwüsche de Steine em unbändige Rysse vom Wasser het stand gha
ud die ganzi Chraft vo däm Ströme am eigete Lyb erfahre het,
wär glehrt het, bluttfuess über die runde Steine vom Sensegrien
z louffe u Furte z dürwate,
wär glost het wie ds Wasser mit eim redt,
wär d Wide gschmöckt het ud d Summersüessi vom Bocksbart,
wär d Sense ganz i sech ufgno het ir Morgefrüschi, am heisse Mittag
ud ir Nacht – dä chunnt nümme los vo däm Fluss

Hans-Rudolf Hubler, Autor, 1922–2014

(Wer das Sensewasser einmal in der Nase gehabt hat,
wer zwischen den Steinen stand und das unbändige Reissen des Wassers spürte,
und die ganze Kraft dieses Stromes am eigenen Leib erfuhr,
wer gelernt hat, barfüssig über die runden Steine des Sensekieses
zu gehen und Furten zu durchwaten,
wer den Duft der Weide eingeatmet hat und die Sommersüsse des Bocksbartes,
wer die Sense ganz in sich aufgenommen hat in der Frische des Morgens, am heissen Mittag
und in der Nacht – der kommt nicht mehr los von diesem Fluss)

Ein schmales, flaches Rinnsal strömt, eine weite Kurve zeichnend, gemächlich durch den Sensegraben etwas oberhalb der Sodbachbrücke. Auf der Wasseroberfläche spiegelt sich der frühherbstliche Laubwald, von den ersten Sonnenstrahlen beleuchtet. Das warme Licht verdrängt den Schatten, den ein weit herabhängendes Geäst auf das Wasser wirft. Die Wurzeln klammern sich an ein schmales Plateau auf einer Felswand. Sie hat, vom

In der Senseschlucht lassen sich die Kräfte der Natur hautnah erleben.

«Wer das Sensewasser einmal in der Nase gehabt hat, wer zwischen den Steinen stand und das unbändige Reissen des Wassers spürte (...), der kommt nicht mehr los von diesem Fluss.» (Hans-Rudolf Huber)

Sensewasser ausgehöhlt, die Form eines dicken Bauches, der jetzt über das Wasser ragt.

Ein auf seiner langen Reise rund geschliffener Baumstamm rastet auf dem groben Schotter. Ein tiefer Riss durchzieht ihn, und dort, wo einst die Wurzel war, klafft ein grosses Loch: Es sieht aus wie das weit aufgerissene Maul eines Drachens. Jemand hat darin mit grosser Sorgfalt ein Steinmännchen aufgebaut. Der Drache wird es wieder ausspucken: Spätestens dann, wenn das grosse Wasser kommt.

Der Sensegraben ist ein gut fünfzehn Kilometer langer Flussabschnitt, in dem sich die Sense bis zu hundert Meter tief ins Molassegestein gegraben hat. Es ist eine Landschaft, die ehrfürchtig stimmt. Die Schlucht ist von Weitem praktisch unsichtbar, man nimmt nur das Waldstück wahr, das sich als breiter Streifen durch die voralpine Hügellandschaft zieht. Nur an wenigen Stellen, von den Brücken aus, lässt es sich überhaupt zur Sense gelangen und eintauchen in eine vom Menschen kaum berührte Welt, in der die Natur und ihre Launen die Hauptrolle spielen. Hochwasser sind hier nichts Ungewöhnliches, der Abfluss schwankt in durchschnittlichen Jahren zwischen zwei und 150 Kubikmetern pro Sekunde. Beim bislang extremsten gemessenen Hochwasser im Jahr 1990 waren es 498 Kubikmeter – ein Ereignis, wie es statistisch nur alle dreihundert Jahre vorkommt. Doch auch 2007, 2010 und 2014 wurden Hochwasser gemessen, die es statistisch nur alle dreissig Jahre gibt. An einer Felswand beim «Büffel», etwas unterhalb der Mündung des Schwarzwassers in die Sense, sind die Höchststände markiert – mehrere Meter über der aktuellen Flussoberfläche. Das neue «Hängebrüggli», das die Sense einen Steinwurf oberhalb der Schwarzwasser-Mündung überquert, wäre diesen Fluten gewachsen. Im Gegensatz zum alten Brüggli, das beim Hochwasser von 1990 mitgerissen wurde. Ein Messingtäfelchen erinnert mit Bezug auf das arabische Gotteslob «El ham du lilah» an den grossen Zusammenhang: «Was ihr seid, waren wir. Was wir sind, werdet ihr.»

Dort, wo die Sense nach fünfzehn Kilometern den Sensegraben wild rauschend verlässt, liegen mit bunten Farben bemalte Steine am Flussufer. Sie lassen an einen Kraftort denken, der die Teilnehmerinnen und Teilnehmer eines Sinnsuche-Seminars zum Spiel mit den Farben

Der gewaltige Baumstrunk (rechts) lässt erahnen, welche Kraft die Sense bei Hochwasser entfalten kann. Zwei elegante Bogenbrücken, eine Stahlkonstruktion aus dem Jahre 1882 und eine moderne Betonbrücke, überspannen das Schwarzwasser bei der Mündung in die Sense (unten).

inspiriert hat. Und Kraft hat die Sense mehr als genug. Eine Maturaarbeit zeigt das mit einer eindrücklichen Zeitreihe von Fotos im Jahresverlauf; die Aufnahmen sind im Internet zu finden (www.sense-grasburg.ch). Irgendwann wird auch die vom WWF Bern und Freiburg angebrachte Installation aus Kugeln am Senseufer beim «Büffel» weggespült. Sie sind aus Weidenbast geflochten und wirken ganz leicht und stark zugleich. Es wird ein schöner Anblick sein, wenn sie auf den Wellen des Hochwassers tanzen, das sie mitreissen wird auf eine lange Reise bis in die Nordsee.

Dass die Freiburger und die Berner miteinander ein Kunstobjekt schaffen, ist nicht selbstverständlich. Blättert man im Geschichtsbuch einige Jahrhunderte zurück, so war die Sense zwischen den zerstrittenen Freiburgern und Bernern das trennende Element. Burgen wurden an beiden Ufern gebaut, es kam 1448 zum «Freiburgerkrieg», bei dem es um die Herrschaft von Grasburg ging, deren Ruinen heute ein beliebtes Ausflugsziel sind, und schliesslich zu einem Diktatfrieden von Berner Gnaden, der bis zum Einmarsch Napoleons 1798 die Herrschaft unter gemeinschaftlichen Besitz mit wechselnden Landvögten stellte. 1803 kam es schliesslich zur Grenzziehung entlang der Sense, und daran hat sich bis heute nichts geändert. Das freiburgische Senseland und das bernische Schwarzenburgerland blieben aber noch lange, was sie schon in den Jahrhunderten zuvor gewesen waren: Armenhäuser, aus denen viele Reisläufer für Kriegsdienste in fremden Heeren rekrutiert wurden.

Davon erzählt das höchstwahrscheinlich auf einer wahren Begebenheit beruhende, traurig-schöne Guggisberger Lied. Aus diesen armen Gegenden wanderten vor allem im 19. Jahrhundert Tausende in die Neue Welt aus, im Reisegepäck die Hoffnung auf ein besseres Leben. Niemandem wäre es in all diesen Jahrhunderten eingefallen, an der Sense zu wandern oder zu baden, wie es heute Zehntausende tun. Die Sense galt, wie die höchsten Gipfel der Alpen, als lebensfeindlich und bedrohlich, man machte einen Bogen um sie herum, wann immer es ging.

Erst im 19. Jahrhundert kam es im Zuge der rohstoffhungrigen Industrialisierung zu einer bescheidenen Nutzung: Angeschwemmte Bäume wurden, von

Von allen Alpenflüssen steht die Sense der Natur am nächsten. Sie erfüllt die Kriterien an einen naturnahen Fluss zu 85 Prozent, wie der WWF in einer vergleichenden Studie an vierzehn alpinen Flussläufen herausgefunden hat.

Pferden gezogen, aus dem Flussbett geholt, und Steinklopfer schlugen in mühseliger Handarbeit noch bis in die 1950er-Jahre «Bsetzisteine» aus mächtigen Brocken heraus. Auch Sand, Kies und Sandstein wurden bis in die 1970er-Jahre gefördert. Und schliesslich trainierte die Armee über Jahre an der Sense mit Infanteriewaffen und sogar Panzern und Artillerie. Erst nach und nach kam es aus Umweltgründen zu Einschränkungen, und vor Kurzem zum vollständigen militärischen Rückzug. Fast wie ein Luxusproblem mutet vor diesem Hintergrund der starke Andrang durch Erholungssuchende an. Die Sense steht zwar schon seit 1966 unter Naturschutz beider Kantone, noch strenger geschützt sind achtzehn Auenlandschaften von nationaler Bedeutung. 1998 wurde sogar diskutiert, Teile des Sensegrabens von April bis Juli mit einem Begehungsverbot zu belegen. Es kam zu einem gewaltigen Proteststurm mit 22000 Unterschriften. Das Vorhaben wurde daraufhin aufgegeben.

Die intensive Diskussion um die geplante Aufhebung von ufernahen Parkplätzen ist, unabhängig von der Position zu dieser Frage, auch ein Zeichen dafür, welch hohen Stellenwert die Sense als Naturraum in der Bevölkerung geniesst. Das Problem der schwarzen Schafe, die ihre Abfälle liegen lassen oder mit allerlei geländegängigen Gefährten im Flussbett herumfahren, ist damit allerdings nicht gelöst.

Natürlich warf in den Boomjahren der Wasserkrafterschliessung auch die Elektrizitätswirtschaft ein Auge auf die Sense. Man erhoffte sich ähnlich lukrative Geschäfte wie an der Saane, an der mehrere Kraftwerke gebaut wurden. Doch die Sense machte nicht mit: Zu gering sind Wassermengen und Gefälle. Aus jüngerer Zeit datieren Pläne, an der Warmen Sense ein Kleinwasserkraftwerk zu bauen. Diese entspringt am Schwarzsee und vereinigt sich bei Zollhaus mit der Kalten Sense, deren Quelle beim Gantrischseeli liegt. Gewinnträchtig wäre es nur mit Subventionen durch die kostendeckende Einspeisevergütung gewesen. Doch auch diese Pläne wurden 2014 auf Eis gelegt, nicht zuletzt wegen erheblichem Widerstand von Naturschutzorganisationen und aus der Bevölkerung. Ein Nutzungsverzicht ist damit aber noch nicht garantiert, solange die Sense nicht geschützt ist.

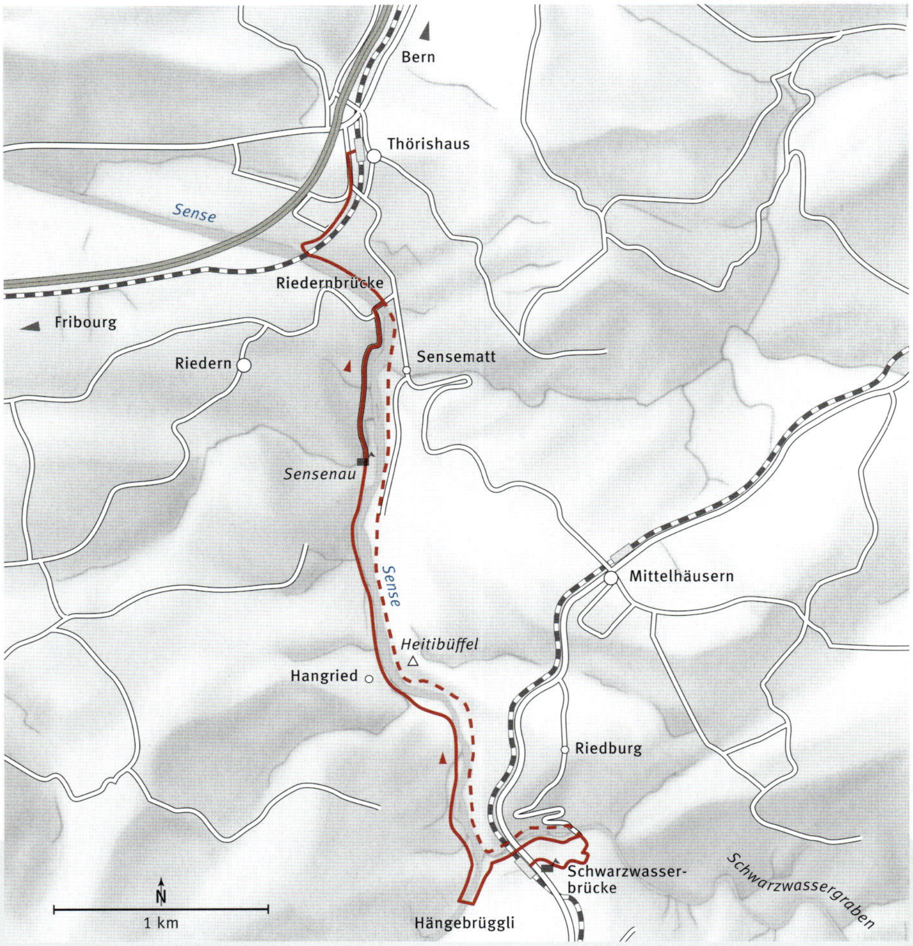

UNTERWEGS AN EINEM DER NATÜRLICHSTEN ALPENFLÜSSE

Die Wanderung beginnt an der Schwarzwasserbrücke mit dem Abstieg in den Schwarzwassergraben und folgt dem Schwarzwasser bis zu seiner Mündung in die Sense. Nun wandert man ein kurzes Stück flussaufwärts, bis man die Sense über das «Hängebrüggli» überqueren kann. Danach folgt man dem linken Sense-Ufer durch ein wunderschönes Auengebiet flussabwärts bis zur Riedernbrücke. Man überquert die Brücke, folgt nochmals der Sense bis unter der Bahnlinie hindurch, dann biegt man rechts ab nach Thörishaus.

ANREISE Mit der S-Bahn ab Bern bis zur Haltestelle Schwarzwasserbrücke

RÜCKREISE Ab Thörishaus Dorf mit der S-Bahn in Richtung Bern oder Fribourg

WANDERZEIT 2 Std.

HÖHENDIFFERENZ 60 m Aufstieg, 130 m Abstieg

SCHWIERIGKEIT Leicht

KARTE Landeskarte 1:25 000, 1185 Schwarzenburg

ESSEN UND UNTERKUNFT Restaurant zur Schwarzwasserbrücke, Lanzenhäusern: Telefon 031 731 02 02, www.schwarzwasserbruecke.ch. Traditionshaus mit schönem Gastgarten, bürgerliche Küche.
Hostellerie am Schwarzsee, Schwarzsee: Telefon 026 412 74 74, www.hostellerieamschwarzsee.ch. Ferienhotel mit gutem Preis-Leistungs-Verhältnis und herrlichem Bergblick.

VARIANTE Nach dem Abstieg von der Schwarzwasserbrücke das Schwarzwasser über die Steinbrücke überqueren und dann rechtsufrig bis zur Mündung in die Sense, dort den markanten Felsen umrunden und dem rechten Sense-Ufer entlang via Büffel und Sensematt nach Thörishaus. Etwa gleich lang wie die Hauptroute.

INFORMATIONEN Gemeindeverband Region Sense, Tafers: Telefon 026 494 27 57, www.sensebezirk.ch

Im Sommer ist die Sense ein beliebtes Ausflugsziel.

Das wäre dringend nötig, denn die Sense darf sich rühmen, auf ihrer Laufstrecke ab Zollhaus bis zur Mündung der natürlichste Fluss in den nördlichen Alpen zu sein. Der WWF hat 2011 in einer länderübergreifenden Studie vierzehn alpine Flussläufe analysiert, vom natürlichen Wasserhaushalt und Sedimenttransport über möglichst unverbaute Ufer und Flusssohlen oder die biologische Durchgängigkeit bis hin zum Vorkommen auentypischer Arten und Lebensräume. Insgesamt 85 Prozent der Sense erhielten dabei die beiden höchsten Bewertungen. Dieses herausragende Ergebnis täuscht ein wenig über die Realität im untersten Teil hinweg. Denn die Sense, die bei Thörishaus einen scharfen Knick nach Westen macht, um dann bei Laupen in die Saane zu münden, ist auf den letzten Kilometern stark verbaut. Der Fluss wurde um 1900 gezähmt und begradigt. Es ging um Landgewinn und Hochwasserschutz für die Landwirtschaft, es ging um die Entwicklung der Industrie und neue Siedlungen. Die Schutzbauten sind inzwischen sanierungsbedürftig. Im Rahmen des von den Kantonen Bern und Freiburg und sechs Anliegergemeinden getragenen Gewässerentwicklungskonzeptes «Sense 21» sucht man jetzt einen guten Kompromiss für den dreizehn Kilometer langen Lauf von der Schwarzwassermündung bis zur Saane. Geplant ist eine Revitalisierung der Sense unter anderem mit sechs Aufweitungen und dem bewussten Zerfallenlassen von Schutzbauten, die dem Fluss wieder mehr Spielraum zugestehen. Es ist ein Jahrhundertprojekt unter dem Motto «Sense für alle», dessen Ausführung Jahrzehnte beanspruchen wird. Der Fluss nimmt es bestimmt gelassen, denn er ist hier schon seit 15000 Jahren unterwegs. (FI)

L'ARBOGNE

Der weiss schäumende Fluss

Albona, den «weiss schäumenden Fluss», nannten die keltischen Tiguriner die Arbogne. Die Römer nutzten ihr Quellwasser, später drehte sie Mühlräder und lieferte Sägereien und Schmieden die nötige Energie. Heute ist die Arbogne auf ihrem schönsten Abschnitt wieder ganz bei sich.

Ein wohlgeformter Kanal, mit Ziegelmörtel verputzte Wände und eine kuppelförmige, knapp einen halben Meter hohe Tuffsteindecke: Rund tausend Liter Wasser pro Sekunde schossen vor bald zweitausend Jahren durch diesen römischen, fünfzehn Kilometer langen Kanal nach Aventicum, dem heutigen Avenches. Das sogenannte Aquädukt folgte über mehrere Kilometer dem Lauf der Arbogne, bevor die Wasserleitung in nördlicher Richtung geführt wurde. Die Hauptstadt Helvetiens zählte damals rund 25000 Einwohner, ihr Wasserbedarf lag mit zweihundert Litern pro Tag und Kopf nicht allzu weit von unserem heutigen Verbrauch entfernt. Das Aquädukt war lange in Vergessenheit geraten: Man hatte zwar von seiner Existenz gewusst, glaubte aber, die Wasserleitung sei im Mittelalter entstanden. Bei Bauarbeiten wurde sie 1962 wiederentdeckt und als eindeutig römischen Ursprungs identifiziert.

Vor den Toren des Weilers Les Arbognes und in Sichtweite eines mittelalterlichen, runden Wohnturmes ermöglicht das Aquädukt heute einen Blick 2000 Jahre zurück. Es war das Werk von erfahrenen Wasserbauingenieuren, die es verstanden, eine dichte, unterirdische Leitung mit gleichmässigem Gefälle von 2,12 Prozent zu bauen. Gefasst wurde das Wasser aus einer Quelle nahe der Moulin de Prez. Die «Bonne Fontaine» hat Mineralwasserqualität und sprudelt ganzjährig. Für die Versorgung von Aventicum reichte sie nicht aus. Die Römer bezogen weiteres Wasser über Aquädukte. Der Bedarf der Stadt lag bei fünf Millionen Liter täglich, wahrscheinlich auch aus den Quellen, die heute für das Henniez-Mineralwasser genutzt werden.

Es waren aber nicht die Römer, sondern wahrscheinlich die Tiguriner, ein in der Region des heutigen Avenches siedelnder Stamm der Helvetier, die der Arbogne ihren Namen spendeten: «Alb» (weiss, schaumig), verbunden mit dem Suffix «ona» (Quelle, Fluss): die Arbogne, der weiss schäumende Fluss. Unweit der Quellfassung «Bonne Fontaine» sprudelt es aus jeder Ritze eines Hanges mit moosbewachsenem Tuffgestein. Das Wasser sammelt sich in einem Kanal entlang des

Die Arbogne auf ihrem schönsten Abschnitt. Wo einst Mühlen die Flusslandschaft prägten, hat die Natur wieder freien Spielraum.

Fahrsträsschens hinunter zur Arbogne und mündet schliesslich in den Fluss, nachdem es zuvor noch die Tränke einer Herde Jungrinder gefüllt hat. Einige der Tiere bevorzugen das Wasser des Flusses, der sich hier durch ein märchenhaft schönes Wäldchen schlängelt. Eine Kiesbank am Ufer lädt zur Rast.

Die seit Jahrzehnten stillgelegte Moulin de Prez wurde schon im Hochmittelalter betrieben. Ihre erste Erwähnung stammt aus dem Jahr 1270. Von ihren Mahlwerken und dem Mühlrad hat sich nichts erhalten. Noch rund dreissig mit Wasserrädern betriebene Mühlen mahlten im ausgehenden 19. Jahrhundert Getreide und Ölsaaten aus dem fruchtbaren Umland. Heute ist noch eine Handvoll davon übrig. Die Kanäle, die das Wasser abgeleitet und die Mühlräder angetrieben hatten, sind mittlerweile verschlossen. Das ist gut so, denn die intensive Nutzung vor allem während der Industrialisierung im frühen 19. Jahrhundert hat ihr nicht gut getan. Die Arbogne wurde damals auch zum Energielieferanten für Sägewerke und Schmieden, sie wurde an ihrem Unterlauf kanalisiert, und sie wurde zur Kloake.

Mit dem Niedergang dieser Industrien und der seit den 1970er-Jahren flächendeckend eingeführten Abwasserreinigung hat sich die Situation deutlich verbessert. Probleme machen heute vor allem die hohen Nitratgehalte im Grundwasser, eine Folge der intensiven landwirtschaftlichen Nutzung. Nicht alle Brunnen haben Trinkwasserqualität, auch das Wasser der Arbogne lässt zu wünschen übrig. Praktisch am ganzen Lauf der Arbogne sind die Spuren des menschlichen Einflusses zu sehen, zum Glück nicht überall so deutlich wie am Ortseingang von Corcelles-près-Payerne, wo die Arbogne

das Dorf in einem Kanal durchfliesst, dessen Kapazitäten den Wassermassen nach Unwettern wiederholt nicht gewachsen waren. Das Problem wurde erst durch einen 2015 fertiggestellten, wenig naturnahen Überlaufkanal gelöst.

Das uralte, von Moos überwachsene Stützmäuerchen, das die Arbogne in der Nähe der Moulin de Prez daran hindert, das heute nur noch Wanderern und Bikerinnen vorbehaltene Fahrsträsschen zu unterspülen, ist fast verwachsen mit dem Fluss, der sich mehrere Rinnen in einen Fels eingeschnitten hat. Die Arbogne ist hier dennoch ganz bei sich. Sie hat sich in einem breiten Knick zwischen den Ortschaften Grandsivaz und Montagny-les-Mont ihren Weg durch die hügeligen Molasseschichten des Freiburger Mittellandes gebahnt, die Fliessrichtung wechselt von Nordost nach Nordwest. Ihr Quellgebiet liegt auf einem teils bewaldeten, teils landwirtschaftlich genutzten Rücken nordöstlich von Romont zwischen den Tälern der Broye im Nordwesten und der Glâne im Südosten. Die Arbogne ist auf den ersten sieben Kilometern ihres einunddreissig Kilometer langen Weges zur kanalisierten Mündung in die Broye mehr Rinnsal als Bach – und das auf einer Hochebene, die von den Moränenablagerungen des eiszeitlichen Rhonegletschers geprägt ist. Danach führt sie mehr Wasser, das Bachbett senkt sich allmählich ab, und die Arbogne verschwindet buchstäblich in einem Meer von Bäumen. Hier beginnt der schönste, knapp acht Kilometer lange Abschnitt des Flusses, der sich nun wie ein Tatzelwurm durch das Tal windet. Er ist reich an Bachforellen. Im Bereich von Altläufen und in Zuflüssen finden sich Frösche, Ringelnattern und Salamander. Auch

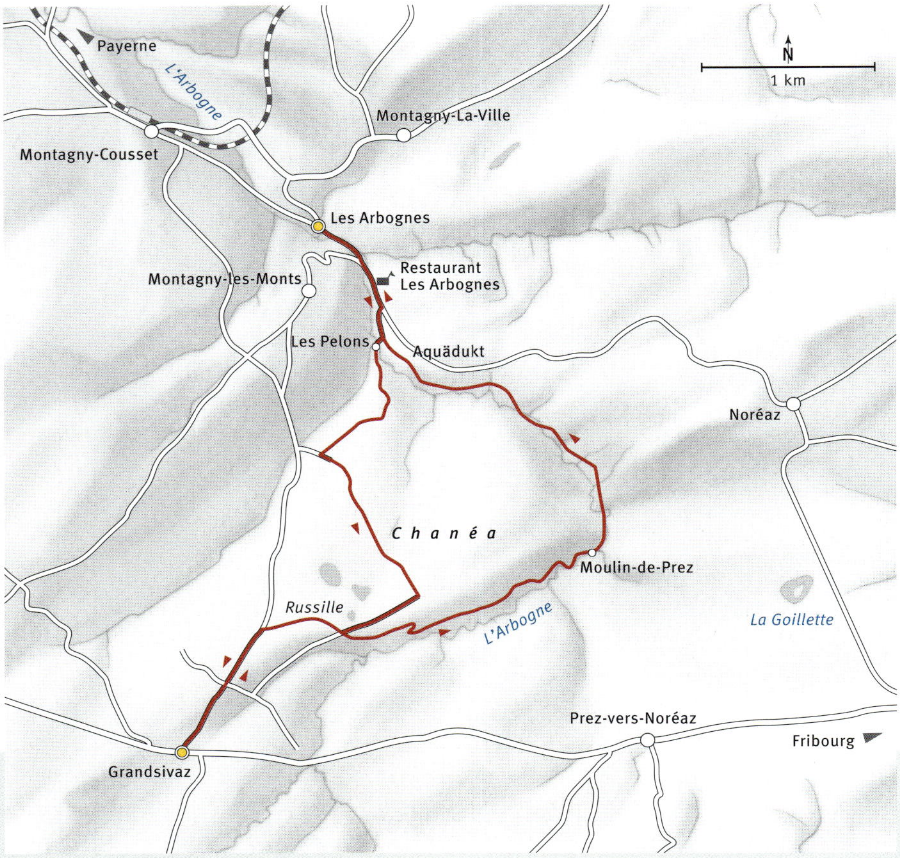

AN DEN MÄANDERN DER ARBOGNE

Dieser schöne Nachmittagsspaziergang führt nach einem kurzen Abstieg hinein in die wunderbare Flusslandschaft der Arbogne. Ausgangspunkt ist das Dorf Grandsivaz. Man folgt dem Strässchen in Richtung Montagny-les-Monts und wählt die zweite Abbiegung nach rechts. Bei Russile (P. 625) findet sich ein Weg hinunter zur Arbogne. Bei der Verzweigung P. 586 rechts abbiegen. Von dort führt der Weg in einer weiten Schleife zum Fluss und folgt dessen Lauf über Moulin-de-Prez bis Les Arbognes. Mehrmals wechselt man über Brücken ans andere Ufer. Kurz vor der Mühle Les Pelons findet sich auf der rechten Seite, gut ausgeschildert, der römische Aquädukt, unmittelbar darunter ein sehr lauschiger Rastplatz. Der Rückweg erfolgt über Les Pelons, dort die Arbogne überqueren und den Wald hoch bis Montagny Cousset, von dort entweder auf der geteerten Fahrstrasse oder durch den Staatswald Chanéa an Le Grabou vorbei zurück zum Ausgangspunkt.

AN- UND RÜCKREISE Postauto ab Bahnhof Cousset bis «Grandsivaz, village»

WANDERZEIT 3 Std.

HÖHENDIFFERENZ 180 m Auf- und Abstieg

SCHWIERIGKEIT Leicht

KARTEN Landeskarte 1:25000, 1184 Payerne, 1204 Romont; für die Variante zusätzlich 1185 Fribourg

ESSEN UND UNTERKUNFT Hôtel de la Gare, Cousset: Telefon 026 660 24 59, www.hotelresto-cousset.ch. Einfache und zweckmässig ausgestattete Zimmer, regionale Küche. Restaurant des Arbognes, Les Arbognes: Telefon 026 667 00 42, www.restaurantdesarbognes.ch. Herrliche Lage an der Arbogne, gedeckte, historische Terrasse direkt über dem Fluss, ausgezeichnete bürgerliche Küche.

VARIANTE Die Arbogne lässt sich auch auf einer Tagesetappe des Jakobsweges von Fribourg bis Payerne erkunden. Von Fribourg aus in westlicher Richtung via Seedorf und Noréaz zur Arbogne und in die Ebene von Payerne. Wanderzeit 5 Std. 45 Min., ausgeschildert mit der Wanderland-Route Nr. 4, Via Jacobi.

INFORMATIONEN Office du Tourisme Payerne, Telefon 026 662 66 80, www.estavayer-payerne.ch

Ein auch von Reitern gern benützter Hohlweg führt hinunter zur Arbogne (rechts). Der einst intensiv genutzte Fluss gehört heute wieder weitgehend der Natur.

Flusskrebse lassen sich finden. Das spricht für die natürlichen Strukturen des Gewässers.

Es bleibt hier, im Schatten des Waldes, auch an heissen Tagen stets angenehm kühl. In den Erosionshängen der Mäander hat die Arbogne steile Wände gebildet, während das gegenüberliegende Ufer sanft abfällt und von Schwemmgräsern besiedelt ist. Dann fliesst sie wieder geradlinig und etwas breiter, denn der Geschiebeeintrag ist gering. In unmittelbarer Nähe des Baches dominieren Weiss- und Schwarzerle, Weiden, Eschen und Ulmen. Auf den angeschwemmten Terrassen darüber breitet sich ein von Buchen dominierter Wald aus. Es ist der Staatswald Chanéa, den die Arbogne durchfliesst. Er gehörte im Mittelalter den Herren von Montagny und ging 1406 an den Grafen von Romont. Nach den Burgunderkriegen sprach ein Schiedsgericht den Wald der Stadt und Republik Fribourg zu. Mit der Kantonsgründung ging er an den Kanton Fribourg über. Die Buche beherrscht diesen Wald, die einst weit verbreitete Fichte ist auf dem Rückzug und wird von Laubbaumarten verdrängt. Der Staatswald Chanéa ist auch ein Pilzreservat. In verschiedenen Forschungsprojekten werden hier seit 1975 etwa der Einfluss des Pilzsammelns und die Auswirkungen waldbaulicher Massnahmen auf die Pilzflora untersucht. Wenn man an das landwirtschaftlich intensiv genutzte Umland denkt, so mutet die Arbogne hier im Staatswald Chanéa wie eine selten gewordene Pilzart an – eine, die von der lokalen Bevölkerung als Naherholungsgebiet allerdings sehr geschätzt wird. Weil sie hier, wie der Fluss selber, wieder ganz bei sich sein kann. (FI)

LE DOUBS
Eine Landschaft der Stille

Der Doubs bildet das Kernelement des gleichnamigen Regionalen Naturparks. Hier drängen sich keine Touristenkolonnen. Es ist eine Landschaft, in der man die Stille geniessen und Kraft tanken kann. Dem Fluss selber fehlt sie manchmal.

Der Doubs und sein Tal gehören wohl zu den schönsten Flusslandschaften der Schweiz. Mit seinen vielen Schluchten ist er eine besondere Gewässerperle. Schon bei der Ankunft im Bilderbuchstädtchen Saint-Ursanne drängt es die Besucher auf eine der Brücken. Träge bewegen wohlgenährte Doubs-Forellen ihre Schwanzflossen, um in der Strömung an Ort und Stelle zu bleiben, und lassen das Wasser durchs offene Maul hindurchfliessen, um zu sehen, was ihnen die Natur so serviert. Das mittelalterliche Städtchen wird von Bürgerhäusern aus dem 14. bis 16. Jahrhundert geprägt und bietet von der Brücke des Saint-Jean Népomucène aus einen besonders schönen Anblick. Sie wurde 1728 errichtet. In der Mitte steht aus rotem Sandstein die Statue des heiligen Nepomuk, der einst bei Prag in der Moldau ertränkt wurde.

St-Ursanne verbreitet mittelalterlichen Charme. Durch das St.-Johannstor kommt man direkt ins Zentrum, das von der ehemaligen Propstei St-Ursanne mit der Klosterkirche beherrscht wird. St-Ursanne als Städtchen zu bezeichnen, ist fast schon übertrieben; der Ort zählt kaum mehr siebenhundert Einwohner. Sehenswert ist vor allem das Kloster. Es wurde vermutlich im 9. Jahrhundert in der Nähe einer Einsiedelei des Ursicinus gegründet. Ursicinus war ein Gefährte des heiligen Columban und liess sich hier kurz nach dem Jahr 600 nieder. Im Laufe seiner Geschichte gehörte St-Ursanne teilweise zu Frankreich, ab 1815 dann zum Kanton Bern und seit 1979 zum Kanton Jura. Wenn nicht gerade Touristengruppen durchmarschieren, wirken selbst die pfeifenden Spatzen wie Krawallmacher.

Die Ruhe ist angenehm. Sie spiegelt die Tradition der Kontemplation, die im Kloster St-Ursanne herrschte. Noch heute ist ein Besuch der Kirche und des Kreuz-

Das Tal des Doubs ist ein Ort der Stille, die in Saint-Ursanne (rechts) einen angenehmen Unterbruch erlebt.

Besonders sehenswert ist der Kreuzgang des ehemaligen Klosters von Saint-Ursanne (unten). Der Wanderweg ist nicht sehr stark begangen. Häufiger als auf andere Wanderer trifft man auf Kühe.

ganges ein erfolgreiches Rezept, um die Pulsfrequenz zu senken. Denn die könnte steigen, wenn man an das Schicksal des Roi du Doubs denkt, des Fisches des Jahres 2013. Seinen Namen hat der Barsch nicht vom Wort «König» («roi») sondern vom französischen Wort «roide», was «steif» heisst. Das rund fünfzehn Zentimeter lange Tier hat einen festen, unbiegsamen Körper. Nur im Clos du Doubs, in der Flussschlaufe um St-Ursanne, kommt der extrem seltene und streng geschützte Fisch in der Schweiz noch vor. Seine Gefährdung beschäftigt auch die Bevölkerung. Im Mai 2011 nahmen mehr als tausend Menschen an einer Demonstration im Dorf Goumois teil. Sie forderten die Behörden auf, den Fluss und auch den Roi du Doubs vor dem schleichenden Tod zu retten. So einfach ist das aber leider nicht, denn viele der seltenen Fische leiden an einem todbringenden Pilz, und der wiederum ist ein Symptom für die systematische Übernutzung des Flusses. Aus der Landwirtschaft abgeschwemmte Jauche, Dünger und Agrochemie, bei Starkregen überlaufende Kläranlagen, dies alles kombiniert mit Staustufen, die bei der schweizerisch-französischen Grenze und dann weiter unten auf der französischen Seite der Stromgewinnung dienen, machen den Doubs zum Dauerpatienten. Denn wasserarme Phasen wechseln sich regelmässig mit wahren Fluten ab: Der sogenannte Schwall-Sunk-Betrieb entsteht durch die Wasserkraftwerke, die mal kaum, mal sehr viel Wasser ablassen. Bei vielen Staustufen fehlen zudem Fischtreppen, sodass die Tiere nicht passieren können. Dort, wo sie vorhanden sind, können die Fische auf-, aber nicht mehr absteigen. Was dem Fluss gut tun würde, wäre ein dynamisch fliessendes Wasser ohne künstliche Extremschwankungen. Doch das wird ihm verweigert. Denkt man sich all die Staustufen weg, wäre der Fluss fast vollständig natürlich oder naturnah.

Immerhin gehört das Vallée du Doubs auch zum Bundesinventar der Landschaften und Naturdenkmäler BLN. Weil der Doubs auf seinem Weg ein beachtliches Gefälle hat, formt er die kalkhaltige Karstlandschaft und gibt ihr sein eigenes variantenreiches Gepräge. Der Lauf des Doubs lässt sich in verschiedene Zonen einteilen. Das höher gelegene Quellgebiet im Süden ist von Alpwirtschaft und bewaldeten Gebieten geprägt. Die schwache Besiedlung lässt Raum für Vögel wie den sel-

ten gewordenen Wanderfalken. Dort, wo der Doubs noch natürlich fliesst, mäandert er, bildet Inseln und Laichgebiete für den Roi du Doubs, für Doubs-Forellen, Äschen, Strömer und Schneider. Hier leben Flussmuscheln, aber auch Salamander und Reptilien. Im Wasser gibt es sowohl stationäre als auch frei schwebende Flusspflanzen. Es wurzeln weiche Holzgewächse, die kleine Auenwälder bilden. In den angrenzenden Waldpassagen wachsen seltene Farne, und der Grosse Eisvogel flattert herum, eine seltene Schmetterlingsart mit schwarzen Flügeln. In der offenen Landschaft können Blumenfreunde noch die gefährdete und geschützte Schachbrettblume finden, eine Lilienart mit violetten Blütenblättern. Die Liste seltener und wertvoller Pflanzen und Tiere, die durch die internationale Berner Konvention geschützt sind, liesse sich fortsetzen.

Verschiedene Umweltverbände, darunter der WWF, waren und sind bereit, die Einhaltung dieses Vertrages notfalls vor Gericht zu erzwingen. Mit Erfolg. Bereits 2013 ermahnte die Berner Konvention die Anrainerstaaten, mehr zur Rettung des Doubs zu unternehmen. Doch passiert ist wenig – und das Wenige auch noch sehr langsam. Im Kanton Jura gibt es sogar Stimmen, die das Doubswasser noch stärker für die Stromproduktion nutzen wollen. Ob sich der Niedergang des Doubs aufhalten lässt? Es wird ein Wettlauf gegen die Zeit. Die Belastung durch Verunreinigungen aller Art besteht weiterhin und ist grösser als offiziell zugegeben. Dies zeigen aktuelle Studien, die der WWF und andere Umweltorganisationen in Auftrag gegeben haben. Die Forscher fanden in Nebenflüssen des Doubs sogar verbotene Substanzen, beispielsweise aus der Forstwirtschaft. Sie haben teilweise zum völligen Absterben der Bachfauna geführt. Die Umweltverbände fordern eine Verringerung der Wasserverschmutzung, eine Eindämmung von Fluten und Trockenlegung (Schwall-Sunk) durch die Kraftwerke und den Rückbau einiger Schwellen an ökologisch besonders wichtigen Standorten. Auch regen sie an, speziell im Einzugsgebiet des Doubs die biologische Landwirtschaft zu fördern, um den Schadstoffeintrag zu vermindern. Zusammen mit dem Parklabel würde das für die Landwirte durchaus ökonomisch interessante Perspektiven bieten. Aber es eilt. Der WWF-Wasserexperte Thomas Ammann sagt: «Die Mass-

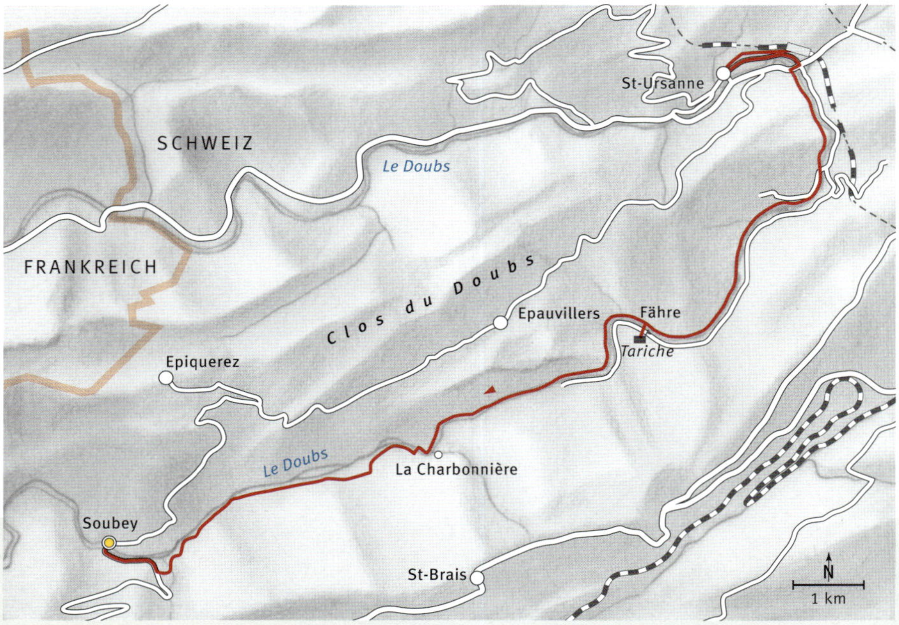

AN DEN DUNKLEN WASSERN DES DOUBS

Zwischen St-Ursanne und Soubey liegen sechzehn Kilometer Uferweg, die praktisch autofrei und trotz der beachtlichen Länge problemlos und ohne grosse Anstrengungen zurückgelegt werden können. Vor allem zu Beginn der Wanderung bei St-Ursanne gehören Fischer zum Landschaftsbild. Der Weg führt auf der in Wanderrichtung rechten Doubs-Seite flussaufwärts, was aber durch das geringe Gefälle des Doubs nicht anstrengend ist. Der Doubs fliesst oft dunkel, träge und tief dahin. Anfangs sind noch einige Bauernhöfe zu sehen. Mutterkühe weiden und tränken ihre Kälber. Der Hinweis, einen Bogen um sie zu machen, sollte befolgt werden. Bald sind beide Uferseiten bewaldet. Auf der anderen Seite sind immer wieder kleine, lauschige Campingplätze zu sehen. Allmählich wird der breite landwirtschaftliche Weg schmaler und schliesslich zum erdigen Trampelpfad, auf dem es sich angenehm gehen lässt, wenn es nicht gerade geregnet hat – dann wird der Pfad ein wenig rutschig. Gelegentlich wird die Stille von einem Rauschen durchbrochen. Ein Zeichen dafür, dass der Doubs weniger tief und das Gefälle höher ist. Doch das sind kurze und nur für die Kajakfahrer spannende Momente. Sie tauchen immer wieder auf, genauso wie Mountainbiker, die den holprigen Weg für sich entdeckt haben. Immer wieder führt der Pfad durch kleine Bäche, die sich in den Doubs ergiessen. Das ist bei trockenem Wetter kein Problem. Nach starkem Regen gibt es keine Garantie, trockenen Fusses auf die andere Seite zu gelangen.

Nach etwas weniger als der halben Wegstrecke taucht ein Gasthaus auf der anderen Uferseite bei Tariche auf. Es muss nicht bei wehmütigen Blicken bleiben, denn es gibt ein kleines Fährboot, das Durstige und Hungrige in den Sommermonaten hinüberfährt. Es ist eine nach traditioneller Handwerkerkunst gefertigte Barke. Sie hängt an einem Metallseil und nutzt die Flussströmung als Antriebskraft. Interessenten sollten unter der Telefonnummer 032 433 46 15 nachfragen, ob die Fähre auch fährt.

Etwa eine halbe Wegstunde danach verbreitert sich der Pfad und wird wieder zu einer landwirtschaftlichen Strasse. Danach überquert man die Brücke von La Charbonnière. Der Weg führt auf der anderen Flussseite weiter. Bald kommen Bauernhöfe ins Blickfeld und schliesslich, kurz vor Soubey, die alte Mühle aus dem Jahr 1565. Sie kann besichtigt werden. Dazu am besten im Restaurant du Relais nachfragen. Nach der Mühle führt das letzte Wegstück einige Hundert Meter der Strasse entlang nach Soubey. Von hier aus fährt ein Postauto nach St-Ursanne zurück. Der Fahrplan ist etwas unregelmässig, weil er sich auch nach den Schulzeiten richtet. Es ist lohnenswert, sich im Voraus über die Rückfahrt zu informieren.

ANREISE Mit dem Zug nach St-Ursanne

RÜCKREISE Von Soubey mit dem Postauto nach St-Ursanne

WANDERZEIT 4 Std.

HÖHENDIFFERENZ 220 m Auf- und Abstieg

SCHWIERIGKEIT Leicht

KARTEN Landeskarte 1:25 000, 1085 St-Ursanne, 1105 Bellelay

ESSEN Restaurant de Tariche, St-Ursanne: Telefon 032 433 46 15, www.tariche.ch. Das Restaurant liegt ideal auf der Wanderroute direkt am Doubs. Spezialitäten: Forelle blau.

UNTERKUNFT Hotel La Couronne, St-Ursanne: Telefon 032 461 35 67, www.hotelcouronne.ch. Gemütliches Hotel in der Altstadt.

INFORMATIONEN Parc Regional du Doubs, Saignelégier: Telefon 032 420 46 70, www.parcdudoubs.ch
Jura Tourisme St-Ursanne: Telefon 032 432 41 60, www.juratourisme.ch

Es braucht Zeit, sich der vielfältigen Landschaft des Doubs zu nähern. Aber man wird belohnt – trotz einiger gravierender Probleme durch bauliche Eingriffe.

nahmen zur Verbesserung der Wasserqualität und zur Verringerung des Schwall-Sunk-Problems müssen zügig umgesetzt werden.»

Für den Besucher sind die Leiden dieser attraktiven Gewässerperle kaum sichtbar. Die Landschaft des Regionalen Naturparks ist vielseitig. Zwar winken keine spektakulären Naturdenkmäler, keine protzigen Berge, die sich atemberaubend in die Höhe schrauben. Aber einfach nur das Prädikat «lieblich» verdient sie auch nicht – das verhindern die steilen, manchmal mit Felsen durchsetzten Abhänge zum Doubs hinunter. Die Topografie ist über Jahrtausende durch die Tiefenerosion ins Gestein entstanden. Seit es hier Menschen gibt, nutzen sie das Wasser. Schon im Mittelalter entstanden Mühlen, etwa die Moulin du Doubs westlich von St-Ursanne. Man nutzte das Wasser für die Glasproduktion, für die Sägereien, aber auch für die Mehl- und Ölproduktion. Noch bis vor wenigen Jahrzehnten diente der Fluss als direkter Energielieferant für das Kleingewerbe. Dafür wurde Wasser in Kanäle abgeleitet, aber nicht wie heute gleich der ganze Fluss zu Seen gestaut – inklusive künstlichen Flut- und Trockenperioden.

Bemerkenswert ist der Verlauf des Doubs. Er kommt aus der Region Pontarlier in Frankreich, fliesst in östlicher Richtung und bildet 43 Kilometer lang die Grenze zwischen Frankreich und der Schweiz Dann folgt der Saut du Doubs, ein 27 Meter hoher Wasserfall, und der Doubs wird für 29 Kilometer ganz schweizerisch. Am Clos du Doubs bei St-Ursanne macht er eine Kehrtwende und fliesst dann nach Frankreich zurück, wo er später in die Saône mündet. Der schweizerische Abschnitt des Doubs ist besonders schön. Wer St-Ursanne zu Fuss verlässt, findet sich nur wenige Minuten später in der wildromantischen Landschaft des Doubs. Und in einer ganz und gar unschweizerischen Welt der Ruhe und Abgeschiedenheit. (MA)

LE NOZON

Höhepunkt ist der Wasserfall

Der Nozon ist weitgehend unbekannt. Dabei verzaubert er mit einem wundervollen Wasserfall und führt auch direkt nach Romainmôtier, der ältesten Abteikirche der Schweiz.

Vor allem der Kulturschatz an seinen Ufern ist ein Begriff: Romainmôtier besitzt nicht nur das älteste Kloster der Schweiz, seine um das erste Jahrtausend erbaute, romanische Klosterkirche ist ein bauhistorisches Juwel – und das in einem Tal mit besonderer Atmosphäre. Die Geschichte beginnt mit dem französischen Mönch Romain, der sich im 4. Jahrhundert im Tal des Nozon niederlässt. Die Mönche lebten zuerst nach den Regeln des Heiligen Columban, ab dem 8. Jahrhundert setzten sich – wie in vielen anderen Klöstern – jene des Heiligen Benedikt durch. Besonders erwähnenswert ist das Jahr 753. Damals besuchte Papst Stephan II. das Kloster persönlich und unterstellte es direkt dem Heiligen Stuhl. Für lange Zeit blieb es eine wichtige Zwischenstation auf dem Pilgerweg nach Santiago de Compostela.

1536 eroberten die Berner das Waadtland und setzten die Reformation durch. Viele Darstellungen wurden übermalt, Skulpturen zerstört und das Klosterleben hatte ein Ende. Zudem brachen die Berner den Kreuzgang und das Konventsgebäude ab und verwandelten die Klosterkirche in eine reformierte Pfarrkirche. Das aus dem 13. Jahrhundert stammende Priorhaus verfiel zusehends, bis die Journalistin Katharina von Arx es renovierte – und so rettete. Die 2015 verstorbene Journalistin war eine Weltenbummlerin und wurde mit dem Buch «Nehmt mich bitte mit» bekannt. Heute ist das Priorhaus ein Begegnungszentrum für Künstler, inklusive kleiner Teestube samt Speisemöglichkeit. Ein Besuch lohnt sich.

Der Nozon hat seinen Ursprung beim Cul du Nozon auf über 1000 Meter Höhe, knapp sechs Kilometer südwestlich von Romainmôtier. Zuerst schlängelt er sich bei der Gemeinde Vaulion durch eine kleine Schlucht und fliesst dann durch eine offene Landschaft. Im Tal gibt es wenige Nebenflüsschen, da Wasser und Regen in den kalkhaltigen Böden sehr schnell versickern.

Vermutlich floss diese Gewässerperle irgendwo unter der westlichen Ringmauer auch ins Innere der Kloster-

Romainmôtier besitzt das älteste Kloster der Schweiz. Der Ort ist gleichzeitig das kulturelle Zentrum des Tals.

anlage. Die alte Ringmauer, die ein Areal von 11 000 Quadratmetern umschloss, gibt es heute nicht mehr, aber der Uhrenturm ist noch erhalten. Durch ihn betreten die meisten Besucher die mittelalterliche Anlage. Der Kirchenbau ist nach Osten ausgerichtet, und jeden Morgen dringt das Licht durch ein in der Aussenfassade ausgespartes Kreuz. Rechts vom Dach des Portals sind Säulen angebracht. Auffallend ist ein liegender Mann mit einem aussergewöhnlichen Kopf. Eine andere Figur hat riesige Ohren, wohl als Erinnerung daran, dem Wort Gottes Gehör zu schenken. Die Vorhalle stammt aus dem 11. Jahrhundert. Um Kapitelle und Simse ranken sich gemeisselte Blumen und Blätter. Früher war das Gewölbe mit Darstellungen aus der Bibel bemalt, weil ja die meisten Kirchenbesucher nicht lesen konnten. Die Gemälde sind nur noch schwach sichtbar, aber man kann Adam und Eva mit dem Apfel erkennen, oder Franz von Assisi, der mit den Vögeln spricht. An der Wand zur Kapelle befindet sich eine Darstellung zum jüngsten Gericht. Das Hauptschiff ist schlicht und lichtdurchflutet. Auch hier gibt es einige Malereien, etwa das Jesuskind in den Armen Marias oder die Apostel Petrus und Paulus. Aufgrund von Ausgrabungen weiss man, dass es einst zwei Kreuzgänge gab. Einer ist abgebrannt, der andere wurde im Zuge der Reformation zerstört.

Jetzt aber weiter, dem Nozon entlang: Nach Romainmôtier verlässt er die Jurahöhen und fliesst rund zwei Kilometer in östlicher Richtung nach Croy. Im Vergleich zum Quellgebiet mit seiner karstigen Juralandschaft wirkt das Tal hier sanft. Wasser scheint aber überall knapp zu sein. Immer wieder zweigen kleine Kanäle vom Nozon ab und führen in besiedelte Gebiete. Auffal-

Die Natur hat im Tal des Nozon etwas Besonderes zu bieten: Die Cascade du Dard (unten und Seite 171) ergiesst sich in einen Kessel, einer Arena gleich. Danach schlängelt sich der Fluss über mehrere Kilometer frei und wild durch das Tal des Nozon.

lend ist der Canal du Nozon. Er erinnert ein wenig an die Walliser Suonen oder Bisses, wie die historischen Wasserkanäle genannt werden. Wie häufig auch im Wallis fliesst das Wasser im Canal du Nozon offen dem Wanderweg entlang. Dass er mehr war als blosse Viehtränke und Wasserquelle für die Landwirtschaft, belegen zwei schöne, gedeckte Wasserfassungen, die früher als Waschhäuschen dienten. Gebaut wurden sie im frühen 19. Jahrhundert.

Der Fluss Nozon hatte in Croy und Umgebung eine zentrale Bedeutung: Seine Kraft wurde jahrhundertelang für den Betrieb von Mühlen, Sägereien und Schmieden genutzt. Jeweils im Frühjahr und Herbst war während dreier Tage Grosswaschen angesagt, an dem mehrere Frauen mit Waschkesseln und hölzernen Bottichen gemeinsam wuschen – eine Tradition, die sich bis zum Zweiten Weltkrieg hielt. Um den Schmutz zu lösen, füllten sie den Bottich und die Kleidertaschen mit Asche, gossen heisses Wasser hinein und liessen die Wäsche einen Tag köcheln. Die laugenhaltige Asche half, den Schmutz zu lösen.

In Croy sind zwar Schnellstrasse und Eisenbahn sehr nahe. Doch wer dem Kanal weiterfolgt und ein noch funktionierendes Wasserrad passiert, bleibt in der eigenen, landwirtschaftlich geprägten Welt des Nozon. Nun ist es nicht mehr weit zur Cascade du Dard, wie der Wasserfall hier in der Nähe heisst. Die Kaskade ist ein Höhepunkt der Wanderung. Hier beginnt auch der wilde Flussabschnitt, wo der Nozon nicht mehr genutzt und zur eigentlichen Gewässerperle wird. Beim nahen Weiler La Foule ist Lucie Dupertuis aufgewachsen. Die Geschäftsführerin der WWF-Sektion Waadt erinnert

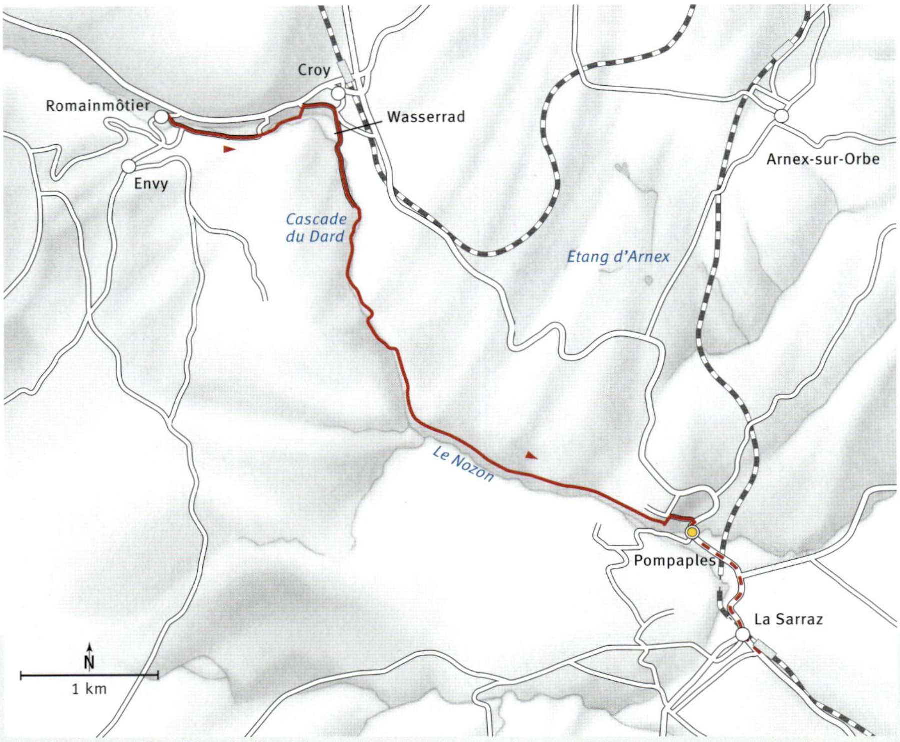

TAUSENDJÄHRIGE MAUERN, EIN WASSERFALL UND EINE ENGE SCHLUCHT

Vom Kloster Romainmôtier aus führt der Wanderweg am ehemaligen Kreuzgang entlang in östlicher Richtung aus der Anlage heraus, zweigt rechts ab, führt über die Brücke und dann parallel dem Nozon entlang. Zuerst hält er zum jungen Fluss etwas Abstand, bevor er sich zaghaft nähert. Nach etwa eineinhalb Kilometern überquert er eine Brücke und folgt nun dem Canal du Nozon bis nach Croy. Dort schwenkt der Weg nach Süden, und Wanderwegschilder weisen nicht nur auf das Ziel Pompaples hin, sondern auch auf die Cascade du Dard. Bald schraubt sich der zum Naturpfad gewordene Wanderweg in den Kessel des Wasserfalls hinunter. Es ist ein kurzer Abstieg, aber er kann bei feuchtem Wetter etwas rutschig sein. Die Cascade du Dard ist ein guter Ort für eine ausgedehnte Rast. Mit dem Wasserfall ändert sich auch der Charakter der Wanderung. Während vorher Helligkeit und Sonnenlicht dominierten, ist es nun dunkler und feuchter. Der Pfad folgt dem Nozon, der nun eine kleine Schlucht bildet. Mehrmals überquert der Wanderweg den Fluss. Von Abzweigungen sollte man sich nicht irritieren lassen. Der Weg führt dem Nozon entlang, und zwar bis nach Pompaples.

ANREISE Mit dem Zug nach Croy-Romainmôtier (je nach Fahrplan/Reisezeit über unterschiedliche Linien). Von dort fährt das Postauto nach Romainmôtier.

RÜCKREISE Postauto von Pompaples zum Bahnhof von La Sarraz

WANDERZEIT 2 Std.

HÖHENDIFFERENZ 50 m Aufstieg, 220 m Abstieg

SCHWIERIGKEIT Mittel

KARTEN Landeskarte 1:25 000, 1202 Orbe, 1222 Cossonay

ESSEN UND UNTERKUNFT Hôtel St-Romain, Romainmôtier: Telefon 024 453 11 20

VARIANTE Man kann den Weg von Pompaples nach La Sarraz auch in 20 Min. zu Fuss zurücklegen. Er führt allerdings der Strasse entlang.

INFORMATIONEN Office du Tourisme de Romainmôtier: Telefon 024 453 38 28, www.yverdonlesbainsregion.ch

sich an eine Kindheit inmitten der Natur. «Ich streifte in den Wäldern umher, betrachtete Vögel und Wildtiere, auch Dachse. Mir war nicht bewusst, wie besonders der Ort hier ist.» Heute, als Biologin, weiss sie den Mischwald mit den alten Eichenbäumen, Linden, Wildkirschen oder Hainbuchen besonders zu schätzen, aber auch die Ruhe. Die Wälder ziehen Vögel an, wie den in Mitteleuropa selten gewordenen Buntspecht oder das ebenfalls seltene Haselhuhn, das sich nur an sehr ruhigen Stellen niederlässt. Die Waldrandzonen mit niederen Ahornbäumen und Haselarten sind schmetterlingsreich. So ist hier beispielsweise der vom Aussterben bedrohte Gelbringfalter zu finden. Es sind trockene und artenreiche Standorte. Hier wachsen noch die lilafarbene Gewöhnliche Küchenschelle und andere Blumenarten, die nicht gerne im Wasser stehen. Um sie herum hüpfen Heuschrecken, darunter die Steppen-Sattelschrecke, die über verkümmerte Flügel verfügt. An den Ufern des Nozon blühen im Frühjahr die Märzenbecher besonders schön. Im und am Wasser finden Wasserläufer und Wassermäuse, aber auch Forellen eine Heimat.

Die Cascade du Dard ist ein Wasserfall, der in einen Felsenkessel hinabstürzt. Die unterhöhlte Rückseite des Kessels wird vom Wasser wie ein Vorhang verdeckt. Moose und Sträucher, die im Flussbett beim Felsabbruch wachsen, zerteilen das Wasser, bevor es sich in die Tiefe ergiesst. Die Tropfen reflektieren das Sonnenlicht, das die im Kessel wachsenden, immer nassen Gräser, Farne und Moose in allen Grüntönen aufleuchten lässt. Aus einiger Entfernung wirkt die Cascade du Dard wie eine Arena und der Nozon die Farne und Moose wie die Darsteller eines Stückes über intakte Natur. Nach der Vorstellung geht es weiter bis nach bis Pompaples, wo das Märchen dann sein Ende findet – in Form eines Kanals, der den Nozon in Empfang nimmt. (MA)

L'ORBE

Ein Paradies nicht nur für Uhrmacher

Zwei Seen, Hochmoore, Sumpfgebiete und windige Hügelkämme: Das Vallée de Joux ist einen Besuch wert. Die Orbe schlängelt sich von Frankreich herkommend hin zum Lac de Joux. Hier hat es noch viel Platz für seltene Vögel, Schmetterlinge, Libellen und Ameisen – kurz: für die Natur.

Kalt ist es hier im Winter. Die Kälte sinkt in die Ebene und die Temperatur fällt nicht selten auf unter minus 20 Grad Celsius. Am 31. Januar 1888 waren es gar minus 41 Grad. Diese Winter haben auch die Bewohner hier geformt. Weil der Schnee hoch und lange lag, hatten die Bauern Zeit. Viel Zeit. Anderswo schnitzten oder stickten die Bauersleute. Hier bauten die ehemaligen Hugenotten am Fenster sitzend Uhren. Denn diese Fertigkeit hatten sie aus Frankreich mitgebracht, von wo sie als Protestanten im 16. Jahrhundert flohen. Geduld, Sorgfalt, Präzision, ein Sinn für komplexe Mechanismen und Ästhetik – dies sind die Voraussetzungen für den Uhrenbau. Heute produzieren hier Uhrenmarken mit Weltruf, wie etwa Audemars Piguet oder Breguet. Doch wer hier Glaspaläste erwartet, täuscht sich. Noch immer zählt handwerkliches Geschick. Das ist im Vallée de Joux vorhanden. Darüber hinaus sorgen das raue Klima und die Abgeschiedenheit dafür, dass sich die Region trotz Uhrenmanufakturen nur langsam entwickeln konnte.

Nur etwas mehr als 6000 Menschen leben im Vallée de Joux. Die Natur hat Platz. Das Tal liegt zwischen zwei Bergfalten auf einer Höhe von gut 1000 Metern über Meer. Die Hochebene zieht aus südwestlicher Richtung über zwanzig Kilometer nach Nordosten. Am Talende liegen der Lac de Joux und der kleine Lac Brenet. Dann mündet das Hochtal in eine Schlucht, die fast 250 Höhenmeter hinunter nach Vallorbe führt. Die nördliche Seite des Tals begrenzen der Grand und Petit Risoux. Sie bilden eines der grössten zusammenhängenden Waldgebiete der Schweiz. Der Hügelkette entlang führt die Landesgrenze, und in Frankreich setzt sich der endlos scheinende Wald fort. Die höchste Erhebung, Le Gros Crêt, reicht bis auf 1419 Meter hinauf. Gleich jenseits der Schweizer Grenze liegt der kleine französische Ort Chapelle des Bois. Von hier führte im Zweiten Weltkrieg ein Fluchtweg zur Schweizer Forstarbeiterhütte mit dem neckischen Namen L'Hôtel d'Italie. Der Pfad war für viele jüdische Flüchtlingskinder der Startpunkt für

Das Vallée de Joux ist eine selten besuchte Perle. Die Landschaft wird von langen Trockenmauern durchzogen.

ein zweites Leben. Zum Hôtel d'Italie führte sie Anne-Marie Im Hof-Piguet. Dort nahm sie ihr Vater, der Forstinspektor Henri-Joseph Piguet in Empfang und brachte sie zum Flüchtlingspfarrer Paul Vogt nach Zürich. Anne-Marie Im Hof-Piguet wurde für ihren Einsatz mehrfach ausgezeichnet. Sie ist nur ein Beispiel für den eigenwilligen Menschenschlag, der sich im Vallée de Joux entwickelt hat.

Besiedelt wurde das Tal schon im 12. Jahrhundert, als Mönche des Prämonstratenserordens am östlichen Ende des Tals Wald rodeten. «Joux» ist das altfranzösische Wort für Wald. Im 15. Jahrhundert entstanden die ersten Bergwerke, und die Bewohner begannen mit der Eisenverarbeitung. Immer feiner und filigraner wurden die Gegenstände. Zuerst Forst- und Gartenwerkzeuge, dann Messer und noch feinere Rasiermesser – und schliesslich Uhren, mit immer mehr Komplikationen. Die Menschen verdienten ihr Geld früher aber auch mit der Natur: Sie nutzten die Wälder, stachen Torf und verkauften das Eis des Lac de Joux.

Das Vallée de Joux gehört zum 530 Quadratkilometer grossen Regionalen Naturpark Jura vaudois, der über die Landesgrenze hinausreicht. Ausserdem ist das Tal mit dem Jurabogen auf Waadtländer Kantonsgebiet Teil des Bundesinventars der Landschaften und gehört zu den Naturdenkmälern von nationaler Bedeutung. Dies vor allem deshalb, weil es sich um ein geschlossenes Gebiet mit Mosaiken aus Wäldern, Trockenwiesen und Weiden mit Bauminseln sowie einem reichen Netz von Feuchtgebieten, Torfmooren und Gewässern handelt. Das Gebiet ist ein wichtiger Lebensraum für Flora und Fauna, aber auch die langen Trockenmauern und die Architektur mit den Uhrmacher-Bauernhäusern sind erhaltungswürdig.

Das Tal wird von der Orbe geprägt, die als kleines Gewässer fast unscheinbar von Frankreich her die Grenze überquert. Das Wasser ist schon fast sechs Kilometer unterwegs und hat den kleinen Lac des Rousses passiert, bevor es murmelnd und sprudelnd in der Schweiz ankommt. Es ist glasklar, auf dem Flussgrund glitzern helle Steine im Sonnenlicht. An beiden Ufern schimmert ockerfarben das herbstliche Gras, und darunter leuchten grün die Moose. Dennoch ist die Biologin Lucie Dupertuis, Geschäftsführerin der WWF-Sektion des

Kantons Waadt, nicht glücklich. Sie ärgert sich, dass Frankreich viel Wasser für eigene Zwecke abzweige. Zumindest einmal war es aber auch schon umgekehrt, nämlich im Hitzesommer 2015. Damals versorgte die Schweizer Armee die Kühe auf den Waadtländer Alpen mit Wasser aus dem Lac de Joux sowie aus der Orbe und – aufgrund eines Missverständnisses – auch aus dem französischen Lac des Rousses. Das sorgte für Unstimmigkeiten, und die Schweizer mussten sich bei ihren Nachbarn entschuldigen. Dabei bräuchte in einer solchen Situation die Natur selbst dringend das Wasser.

So, wie die Orbe fliesst, ist sie in der Schweiz ein seltener Anblick. Sie windet sich nach links und rechts, zieht Schlaufen, ja fast schon ganze Kreise, sie lässt Ufer erodieren und baut kleine Bänke mit Geschiebe auf. Nach zehn Kilometer Luftlinie und gut fünfzehn Kilometer Fliessstrecke ist es mit der Herrlichkeit vorbei. In Le Sentier wird die Orbe kanalisiert, und sie bleibt es bis kurz vor ihrer Mündung in den Lac de Joux. Nach dem kurzen Verbindungsstück zum Lac Brenet gibt es scheinbar keinen Abfluss. Die Orbe verlässt den kleinen See unterirdisch und kommt bei den berühmten Grotten von Vallorbe wieder ans Tageslicht.

Zwischen der französischen Grenze und Le Sentier ist das Vallée de Joux bestückt mit Hoch-, Flach- und Übergangsmooren, kombiniert mit kleineren und grossen Waldflächen. Das ist den wasserundurchlässigen Molasseböden in der Ebene zu verdanken, während auf den Hügelzügen Karst dominiert und das Wasser deshalb schneller versickert. Die schwach besiedelte Gegend bildet ideale Lebensräume für die verschiedensten wasserliebenden Pflanzen- und Tiergemeinschaften.

Das Hochmoor Sagnes de la Burtignière ist das erste ausgedehnte Moorgebiet auf Schweizer Boden. Ein Sagne ist ein von Wollgras und Moosen dominiertes Sumpfgebiet. Das Betreten ist verboten, der Wanderweg führt aber parallel zum Moor der Orbe entlang. Zwar wird das Gelände landwirtschaftlich genutzt, doch die Nutzung ist extensiv, teilweise erhalten die Bauern Entschädigungen für die Landschaftspflege. Man findet hier den Mittleren Sonnentau, Moorbeeren oder Rosmarinheide. Über den sumpfigen Wiesen mit Grossseggengesellschaften und den Torfmooren flattert eine reiche Auswahl an Schmetterlingen, darunter der Blauschillernde Feuerfalter. Heuschrecken hüpfen davon, sobald sie gestört werden. Mit Berg-Föhren und Birken bewachsene Waldinseln beherbergen wertvolle Ameisenarten und die nassen Flächen verschiedene Libellenarten. In den umliegenden Wäldern leben sogar noch die selten gewordenen Auerhühner. Auf dem Weiterweg in Richtung Lac de Joux folgen das Sagne de Pré Rodet und weitere Feuchtgebiete.

Auf ihrem Weg zum See fliesst die Orbe zwischen zwei Hügelzügen eingebettet. Oben bläst oft der Wind. Das belegen Flurnamen wie Grands Plats de Bise oder Grands Plats de Vent. Dass das Projekt «EolJoux» mit ge-

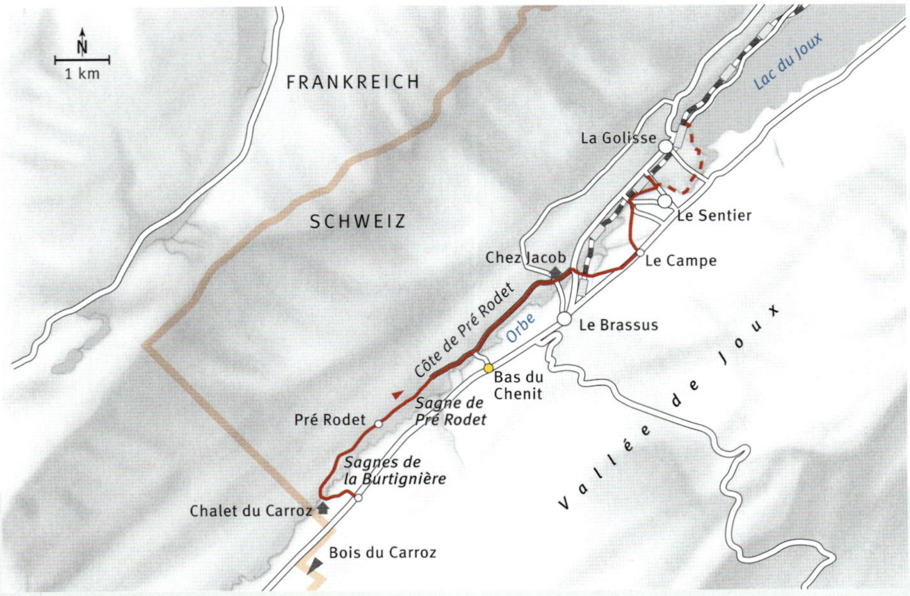

IN DEN MOORGEBIETEN IM GRENZLAND ZU FRANKREICH

Eine Wanderung entlang der Orbe wird auf Schweizer Seite nicht besonders propagiert. Der öffentliche Verkehr endet in Bas du Chenit vor den Toren von Vacheron Constantin, der ältesten ununterbrochen tätigen Uhrenmanufaktur der Welt, die heute zum Luxusgüterkonzern Richemont gehört. Man hat drei Möglichkeiten, um zur Grenze nach Frankreich zu kommen: Entweder bis Bas du Chenit mit dem Bus und zu Fuss die drei Kilometer zur Abzweigung des nicht ausgeschilderten Weges gehen, Autostopp machen oder gleich in Le Sentier ein Taxi nehmen. In Sichtweite des Zollhauses, etwa einen Kilometer vor der Grenze, zweigt ein befestigtes Strässchen von der Route de France ab. Es führt durch den Bois du Carre. Nach dem Waldstück wird das Chalet du Carroz sichtbar. Weiter dem Weg folgen, auf der Brücke die Orbe überqueren und nach Nordosten parallel zur Flussrichtung der Orbe folgen. Am Ende des Hochmoors Sagnes de la Burtignière nach etwas mehr als drei Kilometer Wegstrecke fällt eine lange, parallel zum Tal aufgebaute Steinmauer auf. Die typischen, oft kilometerlangen Trockenmauern werden weiterhin gepflegt und sind ein Merkmal des Regionalen Naturparks Jura vaudois. Der Weg folgt nun dem Sagne de Pré Rodet entlang, immer auf der linken Seite der Fliessrichtung. Vor Le Brassus liegt das Kieswerk Le Carré. Der Lastwagenlärm an Werktagen reisst die Wanderer unmittelbar aus der tiefen Ruhe, die sie bisher begleitete. Hier wurde 1969 das fast vollständige Skelett eines Mammuts gefunden. Nach dem Kieswerk kommt man zur Kreuzung bei Tribillet. Dort nicht nach rechts Richtung Dorfzentrum von Le Brassus wandern, sondern über die Kreuzung geradeaus weiter nach Chez Jacob. Hier rechts weiter, über die Orbe und bei der nächsten Möglichkeit nach links. Die Strasse, die Sie nun einschlagen, unterquert die Bahnlinie und führt dann schnurgerade mehrere Hundert Meter durch die schöne Riedlandschaft, bis zur Hauptstrasse bei Le Campe, die Le Brassus mit Le Sentier verbindet. Dieser Strasse dreihundert Meter folgen, bis links der Wanderweg nach Le Sentier abzweigt. Er führt durch die Sagne du Campe bis nach Le Sentier. Dort gibt es einen neuen Kanalweg, der zum Bahnhof führt.

ANREISE Über Lausanne oder Yverdon-les-Bains bis Le Day. Dort in der Regel umsteigen und weiter mit dem Zug nach Le Sentier. In Le Sentier fährt ein Bus bis zur Endstation Bas de Chenit bei Le Brassus. Von hier geht es weiter zu Fuss oder per Autostopp bis kurz vor die Grenze, oder von Le Sentier aus mit dem Taxi (Taxi Vallée de Joux Svetlana, 078 694 81 84).

RÜCKREISE Zug ab Le Sentier

WANDERZEIT 3 Std. 30 Min.

HÖHENDIFFERENZ 80 m Aufstieg, 120 m Abstieg

SCHWIERIGKEIT Leicht

KARTEN Landeskarte 1:25 000, 1221 Le Sentier, 1241 Marchairuz

ESSEN Restaurant du Lac, Le Pont: Telefon 021 841 12 96, www.restaurantdulaclepont.com. Klassische Küche, gute Fische.

UNTERKUNFT Hôtel Bellevue Le Rocheray, Le Rocheray: Telefon 021 845 57 20, www.rocheray.ch. Hotel mit schöner Aussicht.

VARIANTE Dem Kanalweg weiter folgen, der als Wanderweg ausgeschildert zum Lac de Joux führt. Das Seeufer ist eine halbe Stunde entfernt. Es führt ein schöner Weg dem Kopfende des Sees entlang, wo schliesslich ein Pfad durch Uferwald und Schilf zum Wasser führt. Von hier aus sind es etwa 20 Min. Fussmarsch zum Bahnhof von La Golisse. Zusätzlich ca. 1 Std.

INFORMATIONEN Vallée de Joux Tourisme, Le Sentier: Telefon 021 845 17 77, www.myvalleedejoux.ch

Während im Frühsommer die Grüntöne hell aufleuchten, dominieren im Spätsommer und Frühherbst die Ockertöne (vorangehende Seiten).

planten sieben Windturbinen zu einem Zielkonflikt führt, liegt auf der Hand. Vor allem, weil es sich um ein Schutzgebiet handelt.

Eine für das Vallée de Joux typische Familiengeschichte ist jene von Le Coultreim im kleinen Ort La Golisse bei Le Sentier. Die Firma heisst heute Jaeger-LeCoultre, und von dort stammt auch die Bahnhofsuhr von La Golisse. Mit ihrem zurückhaltenden, edlen Design zeigt sie, dass hier Industriegeschichte geschrieben wurde – und immer noch wird. Die Familie Le Coultre rodete zuerst ein Stück Urwald, bebaute das Land, wurde Viehzüchter, brachte Forstleute hervor und schmiedete später Äxte, Hacken und Hämmer. Über Generationen verfeinerten die Familienmitglieder die Technik und wurden schliesslich Uhrmacher, die einige wegweisende Innovationen entwickelten. So ersetzte der begabte Antoine Le Coultre 1847 als einer der Ersten den Schlüssel fürs Aufziehen der Uhren durch einen Kronenaufzug. Bald war die Firma der wichtigste Arbeitgeber im Tal, und auch nach seinem Tod 1881 blieb Le Coultre erneuerungsfreudig. Die Manufaktur installierte beispielsweise schon 1883 elektrisches Licht, lange bevor dies in Städten üblich war. Neben dem kleinsten Uhrwerk der Welt (gebaut 1929) nahm Le Coultre die totale Energiewende zumindest im Uhrwerk quasi hundert Jahre voraus. Die Atmos-Pendule (1928 erbaut) bezieht die Antriebsenergie alleine aus den Temperaturschwankungen der Luft: ein wunderschönes Werk der Technik, das zeigt, dass man nicht immer Flüsse nutzen muss, um Energie zu gewinnen. (MA)

LA LAIRE

Fische kennen keine Grenzen

Die Laire trennt Frankreich von der Schweiz. Dabei bildet ihr sprudelndes Wasser und wild bewachsenes Ufer ein Gegenstück zur wohlgeordneten Welt der Weinpflanzungen und hübschen Dörfer der Umgebung. Erstaunlich, dass dies vor den Toren Genfs möglich ist.

Würde man nicht die näher rückende Jurakette und die startenden Flugzeuge als Referenzpunkte nutzen, hätte man Mühe mit der Orientierung. Kaum ein Haus stört die schöne Natur- und Kulturlandschaft. Dabei sind es nur wenige Kilometer bis nach Genf. Doch hier an der Laire scheint die Zivilisation respektvoll Distanz zu halten. Liegt es daran, dass das kleine Flüsschen während fast sechs Kilometern die Grenze zu Frankreich bildet? Dort, wo die wilden Uferzonen der Laire aufhören, beginnen die Rebberge. Die dazugehörenden Weindörfer vor den Toren der Stadt sind lieblich, die Traubenpflanzungen gepflegt und die Umgebung so ruhig, dass man das Zwitschern der Vögel hören kann. Das regionale Klima dieses tief liegenden und vor zu kalten Nordwinden durch die Jurakette geschützten Beckens ist mild. Zwischen den Weinreben und dem Ufer der Laire ist noch Platz, zumal sich das Flüsschen in das Gelände eingegraben hat. Wer hinuntersteigt, betritt eine andere Welt. Es ist ein Dschungel helvetischen Zuschnitts, das heisst, es wachsen hierzulande verbreitete Pflanzen, aber üppig, dicht und wuchernd. Entstanden ist hier ein Mosaik mit grosser biologischer Vielfalt. Wasseramsel, Grünspecht, Wespenbussard und Sperber haben sich hier niedergelassen. Entlang der Laire treffen die Wanderer immer wieder auf leicht unterspülte Uferpartien, die ideale Brutplätze für den Eisvogel bilden. Neben Dachsen, Füchsen und Hirschen leben hier auch noch die selten gewordenen Hasen. Die Laire ist aber auch ein Rückzugsgebiet für Reptilien, beispielsweise für die Vipernatter; eine der letzten Populationen der Schweiz ist hier zu finden. Insektenspezialisten stossen – wenn überhaupt – nur hier auf einen winzigen Käfer mit dem lateinischen Namen Paraleptusa genavensis. Das zweieinhalb Millimeter grosse Insekt, das zu den Kurzflüglern zählt, wurde 1961 an der Laire entdeckt und erst 1964 offiziell beschrieben. 2004 machten sich fünfzig Spezialisten aus der ganzen Welt erfolglos auf die Suche nach dem Tier. Deutlich einfacher ist es, die Italienische Schönschrecke sowie andere Heuschrecken- und Grillenarten zu sehen. Zudem sind spezielle Schmetterlinge hier heimisch: etwa Segelfalter, Schwalbenschwanz, Scheckenfalter und Sanddornschwärmer.

Im Unterlauf wurden die Laire und ihre Umgebung renaturiert. Es hat dem Fluss gutgetan. Er darf nun wieder seinem natürlichen Lauf folgen.

Einige sonst trockene Flächen sind bei Regen mit Wasser gefüllt und ein Lebensraum für Amphibien. Doch auch hier werden wie andernorts Neophyten langsam aber sicher zum Problem.

Auch die Wasserwelt hat einiges zu bieten, darunter neben einigen Forellenarten die zu den Karpfen gehörende Bachschmerle und der selten gewordene Strömer. Von der Rhone her steigen gelegentlich Hechte, Barben und Barsche auf. Röhrichte, also typische Wassergemeinschaften mit schilfartigen Pflanzen, sind häufig. Ausserdem wachsen hier siebenundzwanzig Orchideenarten. Selten in Europa ist der sonst im Himalaja verbreitete Wasser-Braunwurz, und die Wiesenrauten-Muschelblümchen wachsen in der Schweiz allein hier. Allerdings haben sich auch Neophyten breitgemacht, darunter sogar Bambus. Neben der Botanik beeindruckt die Wildheit dieser Gegend. Immer wieder sind entwurzelte Bäume zu sehen: Manche sind in Frankreich umgefallen und liegen quer über die Laire. Die Baumkrone vermodert in der Schweiz. Bei anderen ist es umgekehrt.

Die Laire entspringt auf über 850 Meter Höhe beim Hochplateau Montagne de Sion rund fünfzehn Kilometer südwestlich von Genf. Auf seinem kurzen Weg zur Rhone formte der Fluss ein kleines Tal, das meist schmal und unbesiedelt ist. Das gibt der Laire genügend Platz zum mäandern. Sie häuft in den Schlaufen Steine in allen Grössen zu Bänken auf. Gemeinsam mit weiteren Zuflüssen der Rhone wie dem Allondon und dem Genfer Rhonegebiet selber ist hier eine fast 2000 Hektar grosse Landschaft von nationaler Bedeutung entstanden. Sie ist durch das Inventar des Bundes geschützt, im Unterlauf auch als Auengebiet von nationaler Bedeutung und als Ramsar-Gebiet. Die Ramsar-Konvention ist ein Abkommen zum Schutz und zur nachhaltigen Nutzung von Feuchtgebieten, die von internationaler Bedeutung sind.

ÜBERRASCHENDE NATUR VOR DEN TOREN VON GENF

In Soral dem Strässchen Richtung Viry (Frankreich) etwa einen Kilometer folgen, bis das Flüsschen Laire unter einer Brücke sichtbar wird. Rechts beginnt ein Uferpfad, der in der Regel gut sichtbar, aber kaum ausgeschildert ist. Auch ist er nicht als Wanderweg gekennzeichnet. Aber weil er als Uferweg der Laire entlangführt, ist er nicht schwierig zu finden und gibt den besten Einblick in die wilde Welt der Laire. In Sézegnin tauchen die Wanderer kurz wieder in die Zivilisation auf, bevor sie noch einmal für fast drei Kilometer an den Ufern der Laire verschwinden. Beim Schiessplatz, wo eine Passerelle über die Laire führt, sollte man den Fluss nicht überqueren, sondern ein Stück dem Wanderweg in Richtung Chancy folgen. Nach rund fünfzig Metern führt erneut ein Pfad in Flussrichtung Laire. Diesem Pfad kann man folgen, bis man auf die Strasse stösst, die Chancy mit der französischen Ortschaft Valleiry verbindet. Von hier aus gibt es keinen Wanderweg mehr entlang der Laire. Das Naturschutzgebiet sollte respektiert werden. Wer trotzdem sehen will, wo die Laire in die Rhone mündet, folgt in Chancy der Strasse, die hinunter zum Fluss führt. Die kleine Brücke beim Ortsausgang ist unübersehbar: Dort endet die wilde Laire.

ANREISE Von Genf mit dem Tram Nr. 14 Richtung Bernex bis «Bernex, place». Dort mit dem Autobus Nr. L 7524 Richtung Avusy bis «Soral, mairie».

RÜCKREISE Von Chancy mit Bus und Tram (verschiedene Möglichkeiten) nach Genf oder mit Bus zum Bahnhof La Plaine

WANDERZEIT 2 Std. 30 Min. bis 3 Std.

HÖHENDIFFERENZ 150 m Aufstieg, 250 m Abstieg

SCHWIERIGKEIT Leicht

KARTE Landeskarte 1:25 000, 1300 Chancy

ESSEN L'Auberge Au Renfort de Sézegnin, Sézegnin: Telefon 022 756 12 36, www.renfort.ch. Regionale und französische Spezialitäten.

UNTERKUNFT Auberge de Confignon, Confignon: Telefon 022 757 19 44, www.auberge-confignon.ch. Schönes, zweckmässiges Familienhotel.

VARIANTE Beim Schiessplatz dem Wanderweg Richtung Chancy folgen und dort zur Rhone hinuntergehen, um die Mündung zu besichtigen. Etwas kürzer als die Hauptroute.

INFORMATIONEN Genève Tourisme: Telefon 022 909 70 00, www.geneve.com/de

Die heute kanalisierte Rhone formte im Kanton Genf ursprünglich einige markante Schlaufen, die heute zwar isoliert, aber in regnerischen Zeiten immer noch wasserreich sind und eine ursprüngliche, wilde Vegetation beherbergen. Hier finden sich noch Waldgemeinschaften, wie sie in dieser Zusammensetzung in der Schweiz selten geworden sind, etwa mit Silber-Weiden. In etwas erhöhter Lage wachsen Eichen-Hainbuchenwälder und in trockenen Lagen Mischwälder. Die artenreichen Gebiete der toten Schlaufen, wie etwa das Naturreservat Moulin de Vert, sind reich an feuchten, oft überfluteten Waldabschnitten mit zahlreichen Tümpeln. Nicht weit davon entfernt gibt es im Hinterland trockene Graslandschaften. Diese facettenreiche Landschaft ist typisch für das Gebiet südlich des Genfersees. Die Laire ist auf Schweizer Boden der dritte und letzte grössere Zufluss in die Rhone unterhalb von Genf.

Die ganze Gegend wurde während der letzten Eiszeit gebildet, und noch heute kann zumindest die Laire vorwiegend frei fliessen. Beide Länder, Frankreich und die Schweiz, hatten glücklicherweise wenig Interesse an den Ufern der Laire – zum Vorteil der Natur, auch wenn nicht alles perfekt ist. Den Fischen ist es natürlich egal, in welchem Land sie unterwegs sind, Hauptsache die Lebensbedingungen sind gut. Allerdings kommt von Frankreich zu viel verschmutztes Wasser in den Fluss, und kurz vor der Rhonemündung, wo die Laire ganz auf Schweizer Boden liegt, erschwerten früher bauliche Eingriffe den Fischen die Wanderung. Das ist nun vorbei. Im Zuge der Revitalisierung wurden sie beseitigt.

Der Uferweg ist sehr abwechslungsreich und bietet oft ein interessantes Licht- und Schattenspiel.

Das Gelände ist nun so strukturiert, dass das Wasser je nach Höhe und Fliessgeschwindigkeit neue Wege findet und das Flussbett formen und gestalten kann. Dank dieser Massnahmen sind viele kleine Tümpel hinzugekommen, die im Frühjahr und Sommer Fröschen und Amphibien eine Heimat bieten. Im Spätsommer und Herbst liegen sie meist trocken, denn die Gegend ist nicht besonders niederschlagsreich, und das relativ knapp vorhandene Wasser versickert schnell im porösen Gestein. Es kann deshalb durchaus sein, dass im Winterhalbjahr auch die Laire selber nur wenig oder kein Wasser mit sich führt.

Der Biologe Vincent Jaggi freut sich über die neue Dynamik des Wasserlaufes, der die Qualität und Vielfalt der Lebensräume zugunsten der Flora und Fauna verbessert hat. «Das trägt zum Erhalt und zur Entwicklung vieler bedrohter Arten bei.» Vincent Jaggi, der den WWF in der kantonalen Fischereikommission vertritt, sagt aber auch: «Es gibt noch viel zu tun, und wir müssen uns anstrengen, um die vorhandenen natürlichen Werte zu erhalten.» Das ist wichtig, denn die Laire ist einer der letzten dynamischen Flüsse im Kanton Genf. «Sie zu erhalten, ist der Schlüssel für das Überleben der aussergewöhnlichen biologischen Vielfalt an der Laire.» (MA)

AUSBLICK

Der Mensch greift stark in die natürlichen Wassersysteme ein. Seit Jahrzenten korrigiert er Flussläufe, baut Kraftwerke und entnimmt Kies. Oder er produziert mit Wasser Kunstschnee, baggert Flusssohlen aus, baut Stufen, Stauseen und Schwellen. Das hat Folgen: In der Schweiz stehen die Gewässerlebensräume und aufs Wasser angewiesene Arten ganz oben auf den Roten Listen. Tausende Flusskilometer haben fast kein Wasser – oder dann zeitweilig wieder zu viel Wasser, weil sie künstlich geflutet werden. Im Durchschnitt gibt es in unseren Bächen und Flüssen alle 700 Meter ein Hindernis. Kurz: Kein anderer Lebensraum hat in den letzten hundert Jahren derart stark gelitten wie die Fliessgewässer.

Und der Druck ist anhaltend hoch. Gefährdet sind inzwischen auch die letzten Gewässerperlen der Schweiz. Noch immer werden unzählige Kleinwasserkraftwerke geplant und gebaut. Dabei gibt es bereits über 1000 Kleinwasserkraftwerke, welche aber nur wenig zur Stromproduktion beitragen. Dazu kommt die Wasserqualität: Vielerorts enthält unser Wasser einen Cocktail von giftigen Pestiziden, Dünger und Mikroverunreinigungen. Auch die Verbauung von Bächen und Flüssen hält weiter an, ökologischer Hochwasserschutz ist leider immer noch nicht die Regel.

Umso wichtiger ist es, die wenigen noch existierenden Gewässerperlen zu schützen. Zum Glück gibt es dank dem neuen Gewässerschutzgesetz immer wieder auch Verbesserungen. Verbaute Gewässer werden an manchen Orten aufgewertet und revitalisiert, die negativen Folgen der Wasserkraft reduziert. Es wird aber noch jahrzehntelang grosse Anstrengungen brauchen, bis der Artenrückgang gebremst wird und in der Schweiz ausgestorbene Arten wie etwa der Lachs in unser Land zurückkehren.

Neue Klimamodelle gehen in der Schweiz nicht nur von längeren Dürreperioden aus, sondern auch von heftigen Niederschlagsphasen. Es ist deshalb wichtig, dem Wasser Raum und Zeit zu geben, abzufliessen. Im Idealfall belässt man die noch nicht verbauten Gewässer wie sie sind. Die Natur reguliert sich selbst. Dort, wo zu viel verbaut wurde, ist eine Revitalisierung notwendig. Das ist nicht nur ein Beitrag zum Hochwasserschutz und zur Förderung der Artenvielfalt, sondern bietet auch die Chance zur verbesserten Wasserreinigung und Bildung von neuem Grundwasser. Und gerade dies ist unter Berücksichtigung der Klimaprognosen mit künftig mehr Trockenperioden zweifellos eine sinnvolle Investition.

Weil viele Dämme ein stattliches Alter erreicht haben und wegen des Hochwasserschutzes ohnehin saniert werden müssen, eröffnen sich vielerorts neue Chancen, es dieses Mal besser zu machen. Die Sanierung der Dämme kann mit Revitalisierungsmassnahmen und der Wiederaufwertung wassernaher Naturlandschaften kombiniert werden. Das geht nicht ohne Kompromisse, denn Bauern verlieren dadurch Ackerfläche und Gemeinden Bauland. Die Auseinandersetzungen sind hart, ähnlich wie auch bei neuen Nationalparkprojekten. Vermutlich weil es auch um die Einschränkung des Menschen geht, um eine neue Bescheidenheit. Der Verzicht auf Einnahmen und noch mehr Wachstum mag schwierig sein. Andererseits machen neu gewonnene Erholungsgebiete eine Gegend auch attraktiver.

Es ist auch Zeit, dass wir uns von der Idee der vollständigen Naturbeherrschung verabschieden. Wir sind nicht (und waren es nie) die «Herrscher und Besitzer der Natur», wie es der französische Philosoph René Descartes noch ausdrückte. Wer sich mit der Natur anlegt, wird am Ende verlieren – das zeigen auch die Folgen des menschgemachten Klimawandels. Mario Broggi, ehemaliger Leiter der Eidgenössischen Forschungsanstalt für Wald, Schnee und Landschaft, formulierte es in einem Beitrag für die Zeitschrift «Nationalpark» so: «Nirgendwo auf der Welt wächst ein Organismus unbegrenzt oder nur so lange, bis er den Gesamtorganismus selber zugrunde gerichtet hat.» So weit wird es hoffentlich nicht kommen.

Die Erfahrungen zeigen, dass die Mitwirkung der Bevölkerung enorm wichtig ist, wenn es darum geht, der Natur wieder mehr Platz zu geben. Ist die Akzeptanz da, dann ist vieles möglich. In den vergangenen zwanzig Jahren wurden allein im Einzugsgebiet des Rheins bereits 480 Hindernisse so saniert, dass sie der Lachs überwinden kann. Solche Entwicklungen stimmen positiv. Ein Umdenken scheint im Gange zu sein.

Die Tier- und Pflanzenwelt braucht natürliche Gewässer – und wir Menschen ebenso. Die Gewässerperlen sind vielfältig: langsam in grossen Schlaufen vor sich hin fliessende Flüsse, rauschende Wildbäche, spektakuläre Schluchten, leise murmelnde Bäche. Weite Auenwälder, blanke Kiesbänke – überall strömt, fliesst und rauscht es. Setzen wir uns dafür ein, die einzigartigen Gewässerperlen und ihre Tiere und Pflanzen zu erhalten. Die Natur wird es uns mit wunderbarer Vielfalt vergelten. Denn Wasser bedeutet Leben – für uns alle.

1 Laire
2 Allondon
3 Versoix
4 Serine
5 Toleure/Aubonne
6 Veyron
7 Nozon
8 Orbe
9 Buron
10 Talent
11 Bressonne
12 Mentue
13 Bainoz/Petite Glâne
14 Arbogne
15 Neirigue/Glâne
16 Broye
17 Veveyse de Fégire
18 Gérine
19 Javro
20 Hongrin/
Ruisseau des Biolles
21 Dar/Torrent de Culan/
Grand Eau
22 Rèche
23 Baltschiederbach
24 Kander
25 Chiene
26 Entschlige
27 Schwarzwasser
28 Sense
29 Belper Giessen
30 Alte Aare
31 Doubs
32 Tabeillon
33 Emme
34 Waldemme
35 Grosse
Fontanne
36 Entlen
37 Biber
38 Lorze
39 Reuss
40 Töss
41 Gonzenbach
42 Necker
43 Thur
44 Goldach
45 Wissbach
46 Gsponbach
47 Meienreuss
48 Chärstelenbach
49 Rein da Sumvitg
50 Glenner
51 Vorderrhein
52 Rabiusa
53 Vereinabach/Verstanclabach
54 Brancla
55 Inn
56 Clemgia
57 Chamuera
58 Beverin
59 Aua da Fedoz
60 Areuabach
61 Boggera
62 Verzasca
63 Magliasina
64 Fiume Calnègia

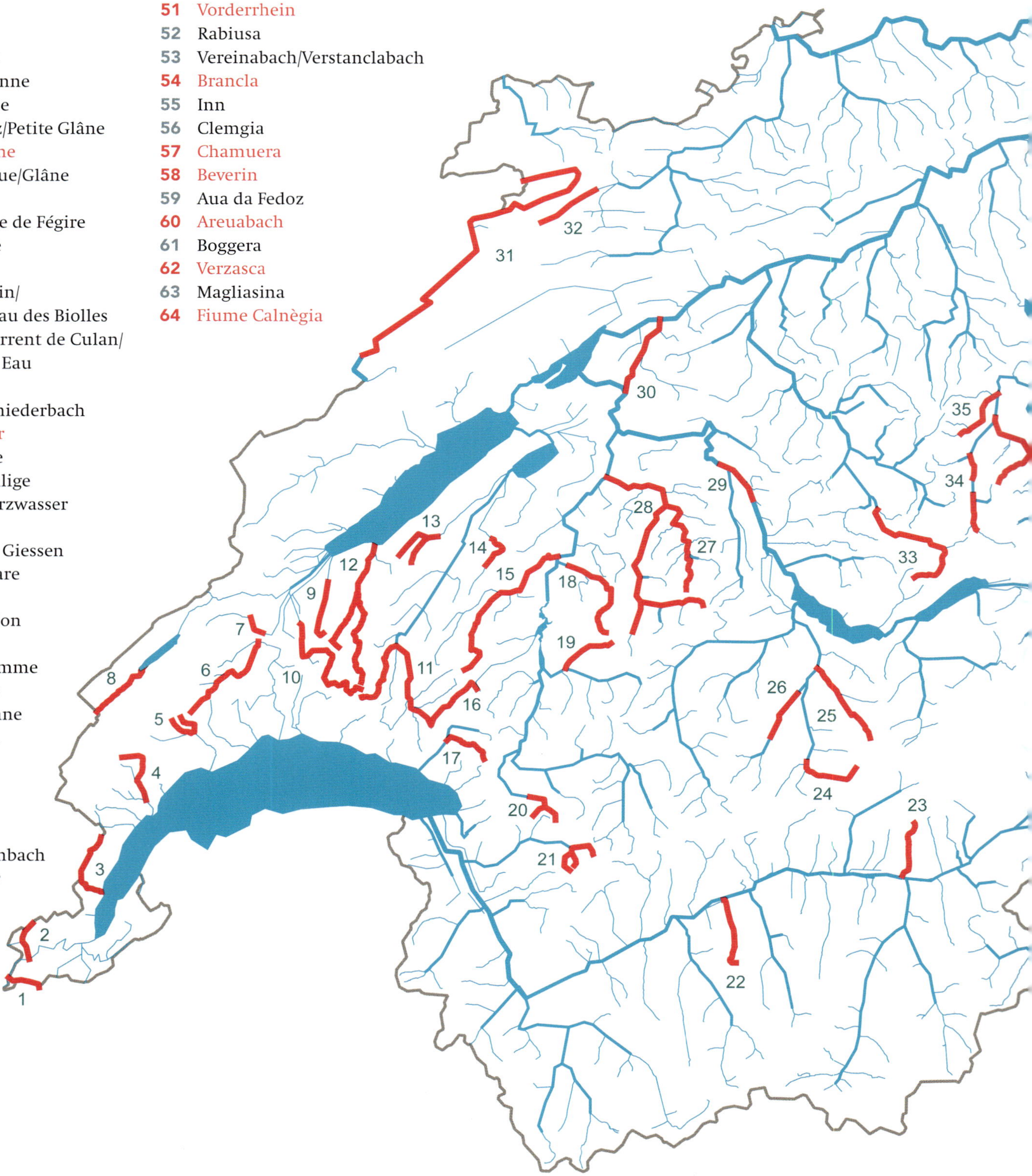

64 Flüsse und Bäche konnte der WWF bisher als Gewässerperlen ausweisen. Einige davon (in der Liste links rot gekennzeichnet) werden in diesem Buch vorgestellt. Allen gemeinsam ist, dass sie wahre Schatzkammern für Tiere und Pflanzen sind und besseren Schutz benötigen.

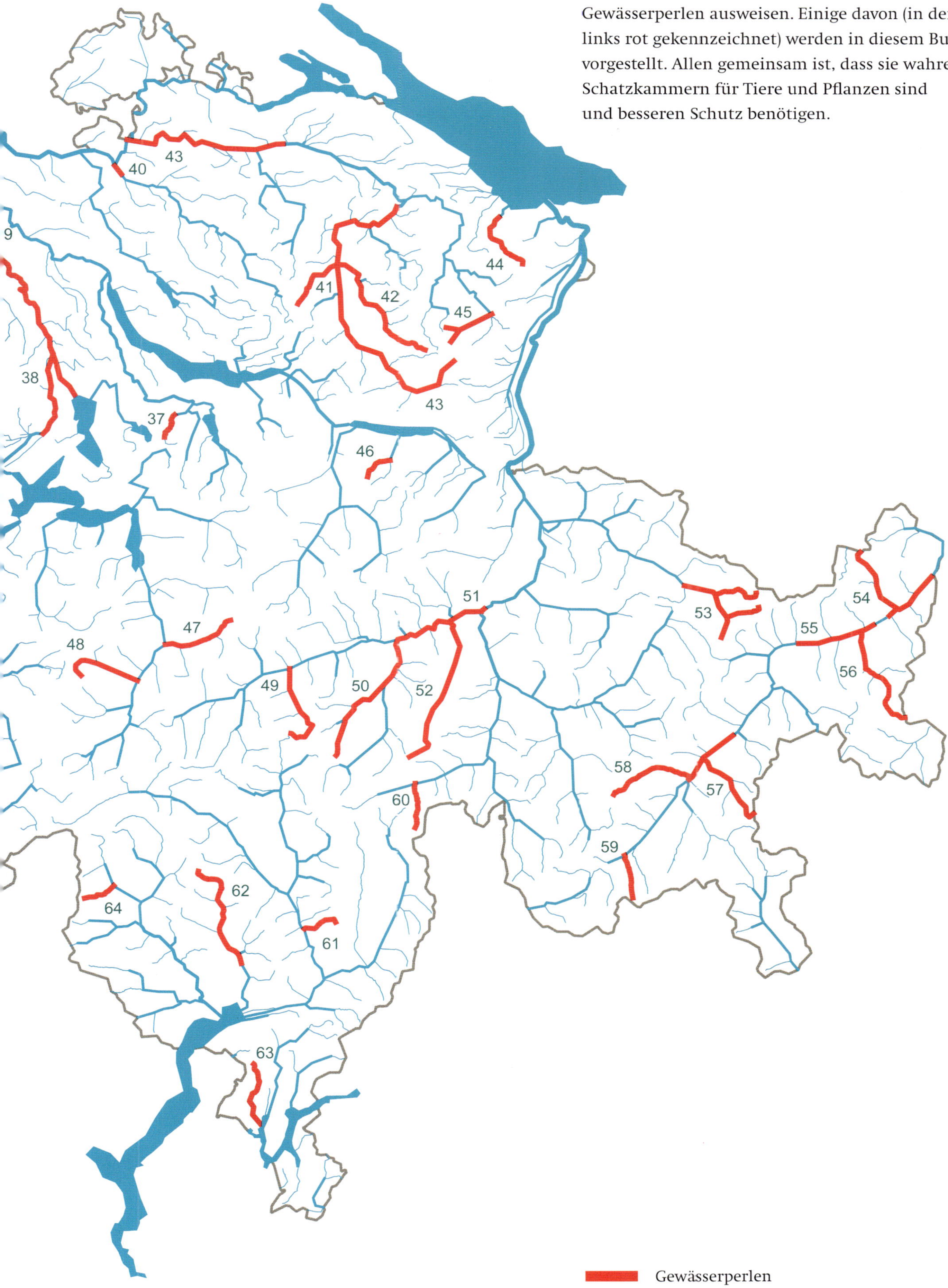

DIE AUTOREN

MARTIN ARNOLD

Gründete 1989 mit Urs Fitze das Pressebüro Seegrund und schreibt für Medien im gesamten deutschsprachigen Raum. Herausgeber und Mitautor mehrerer Sachbücher sowie einiger Bücher im AT Verlag, darunter: «Die schönsten Naturparadiese der Schweiz», «Die Naturpärke in der Schweiz», «Naturdenkmäler der Schweiz». Autor von Radiohörspielen. Mitinitiant von Internetplattformen wie www.mensch-und-atom.org, www.alpenmagazin.org und www.mangel-und-moral.org. Martin Arnold ist Vorstandsmitglied im WWF St. Gallen.

URS FITZE

Seit 1989 als freier Journalist tätig und Mitbegründer des Pressebüros Seegrund. Autor von Reportagen und Hintergrundberichten für verschiedene Printmedien im deutschsprachigen Raum. Mitautor verschiedener Sachbücher, u. a. über Genossenschaften, Naturpärke, Naturparadiese, Agrokraftstoffe und Atomenergie, sowie mehrerer Bücher zur Natur und den Naturlandschften der Schweiz. Redaktor der journalistischen Webseiten www.mensch-und-atom.org und www.alpenmagazin.org.

BILDNACHWEIS

Die Fotos stammen, sofern nicht anders vermerkt, von den Autoren sowie von den vom WWF beauftragten Fotografen Lukas Bammatter, Eduardo Soteras und Ralf Zumstein.

Seite 16, 18 unten, 19: Adrian Cambensy
Seite 17, 18 oben, 131, 137: Adrian Ringenbach / WWF Schweiz
Seite 21 unten: David Jenny
Seite 36, 37, 39 oben, 41 oben: Andrea Badrutt
Seite 44 oben, 46 unten rechts, 50 oben: Anita Mazzetta / WWF Schweiz
Seite 44 unten rechts: Dani Heusser / WWF Schweiz
Seite 45, 50 unten rechts, 51: Fabian Stamm / WWF Schweiz
Seite 53 oben, 55: Roland Gerth
Seite 81: bill_17 / Fotolia
Seite 87: Patrick Frischknecht / Keystone
Seite 105: Natalie Vieli
Seite 120, 124 rechts, 125, 148: Faustina Pelosa
Seite 134/135: Markus Bolliger / WWF Schweiz
Seite 149, 153: Christian Hossli / WWF Schweiz
Seite 163: Heinz Staffelbach
Seite 166/167, 169: Marie-Anne Etter / WWF Schweiz
Seite 183, 184 unten: Florian Haenggeli / WWF Schweiz